U1010017

水利水电工程民工安全教育手册

浙江省水利厅　组织编写

中国水利水电出版社
www.waterpub.com.cn

内容提要

这是一本文字简洁、通俗易懂和图文并茂的安全教育培训读本，全书分为民工安全生产权利和义务、安全标志和安全色、水利行业安全生产知识、水利施工主要工种安全操作技术基本要求、水利施工工地机具操作、应急救援等十个部分。

本书可供从事水利水电建设工程施工现场安全教育工作者和民工使用，也可供从事水利水电施工现场管理的项目经理（注册建造师）、施工员、安全员、质量员和专职安全生产管理人员使用，也可作为水利院校学生的学习参考书。

图书在版编目（CIP）数据

水利水电工程民工安全教育手册 / 浙江省水利厅组织编写. —北京：中国水利水电出版社，2007
ISBN 978-7-5084-4550-2

Ⅰ.水… Ⅱ.浙… Ⅲ.①水利工程—安全教育—手册 ②水力发电工程—安全教育—手册 Ⅳ.TV513-62

中国版本图书馆CIP数据核字（2007）第048186号

书　　名	水利水电工程民工安全教育手册
作　　者	浙江省水利厅　组织编写
出版　发行	中国水利水电出版社(北京市三里河路6号 100044) 网址：www.waterpub.com.cn E-mail：sales@waterpub.com.cn 电话：(010) 63202266 (总机)、68331835 (营销中心)
经　　售	北京科水图书销售中心（零售） 电话：(010) 88383994 、63202643 全国各地新华书店和相关出版物销售网点
排　　版	中国水利水电出版社装帧出版部
印　　刷	北京市地矿印刷厂
规　　格	880mm×1230mm　32开本　6.25印张　134千字
版　　次	2007年7月第1版　2007年7月第1次印刷
印　　数	00001—25000 册
定　　价	20.00 元

凡购买我社图书，如有缺页、倒页、脱页的，本社营销中心负责调换

版权所有·侵权必究

水利水电工程民工安全教育手册
编　委　会

主　任　黄建中

副主任　俞振凯　丁坚钢

委　员　（以姓氏笔画为序）

王振华　许　锋　任立新　华伟南

任何峰　汤浩荣　陈永根　吴云鑫

杨世兵　李艳丽　金启明　金连根

郑建根　夏　敏　蒋文龙

主　编　俞振凯　任何峰

参　编　（以姓氏笔画为序）

王振华　许　锋　任立新　华伟南

汤浩荣　陈永根　吴云鑫　杨世兵

李艳丽　金启明　金连根　郑建根

夏　敏　蒋文龙

序

坚持以人为本，树立法制观念，体现人性化教育，是认真贯彻落实“安全第一、预防为主、综合治理”方针的应有理念。加强安全教育培训工作是防范水利建设安全事故发生，确保水利建设安全生产的有效措施。

当民工兄弟不辞辛劳，远离家乡，来到水利水电建设工地务工，需要的不仅仅是一份合适的工作，更需要人身安全和健康。所以，每位民工兄弟都应参加安全教育培训，不断提高自身安全思想意识、安全技术素质和自我防护能力，努力做到既保证安全，又遵章守纪，最大程度地预防各类安全事故的发生，避免不必要的人身伤亡和财产损失。确保民工兄弟的安全和健康，既是《中华人民共和国安全生产法》、《建设工程安全生产条例》的强制性规定，更是民工兄弟的应有权利和义务。

《水利水电工程民工安全教育手册》是一本文字简洁、通俗易懂和图文并茂的安全教育培训读本，全书分为民工安全生产权利和义务、安全标志和安全色、水利行业安全生产知识、水利施工主要工种安全操作技术基本要求、水利施工工地机具操作、应急救援等十个部分，采用写实与漫画相结合的手法，诙谐幽默，可读性强，是民工兄弟寓教于乐的安全工具书，是安全生产工作者的良师益友。

相信民工兄弟通过对本书的学习，一定会不断增强自我防护能力，避免意外和伤害，拥有平安和幸福，同时也会极大地促进水利建设施工现场的安全生产管理，实现水利建设安全生产的长效管理。“为了您家庭的美满幸福，平安过好每一天”，这是我们最美好的心愿！

本书的编写虽几经斟酌和校阅，但由于时间紧迫，难免有不足之处，敬请广大读者批评指正。

浙江省水利厅厅长

陈川

2007年7月

目录

第一部分 安全生产权利和义务

一、民工安全生产权利

(1) 民工有要求企业进行安全生产教育和培训的权利。一是进行“三级安全教育”（公司、项目部、班组）安全教育；二是进行岗位安全操作技能培训；三是进行专门的特种作业工种培训；四是进行经常性安全教育，提高安全生产知识水平，提高自我保护意识。

(2) 民工上岗时有对有关安全生产的知情权，有对安全生产

★ 提高安全生产知识水平

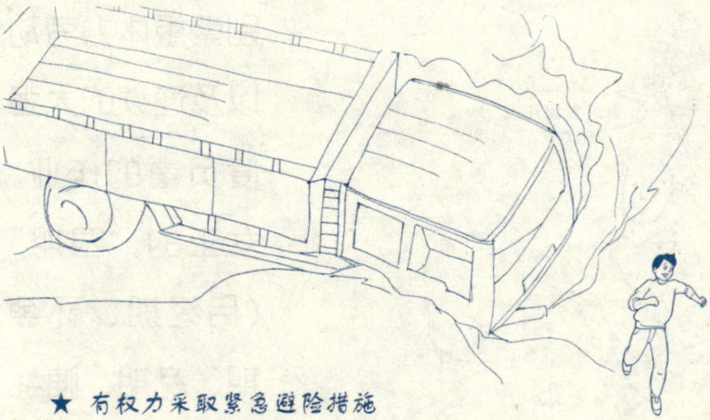

★ 有权力采取紧急避险措施

工作提出批评、建议的权利，有对“三违”（违章指挥、违章作业、违反劳动纪律）的拒绝权。

(3) 在发生险情和不可预知的紧急情况下，民工有采取紧急避险措施的权利，以最大限度保护自己的生命安全。

(4) 在发生安全事故后，民工有获得及时抢救和医疗救治并获得工伤保险赔偿的权利。

(5) 有休息休假的权利。民工有依法休息休假的权利。我国实行劳动者每日工作时间不超过8h，平均每周工作时间不超过40h的标准工作时间制度，并规定用人单位应当保证劳动者每周至少休息1天。

(6) 未成年工享有特殊保护的权利。对于年满16周岁、未满18周岁的未成年工，我国法律规定：任何单位不得安排未成年工从事电工、焊工、起重工等特种作业，不得安排未成年工从事矿山井下、森林伐木、有毒有害、繁重体力、登高架设以及其他对未成年工的发育成长有影响的作业。

任何单位（特殊行业除外）都不得招用未满16周岁的童工。

(7) 女工享有特殊保护的权利。我国法律规定：禁止任何单位安排女工从事矿山井下、森林伐木、登高架设、有毒有害、特

★ 每周至少休息1天

别繁重体力劳动以及连续的大强度负重的作业。

女工的“四期”（月经期、怀孕期、产期、哺乳期）保护：一是月经期的保护，在女工月经期间，施工单位不得安排从事高处、低温、冷水作业和重体力劳动。二是怀孕期的保护，女工怀孕期间，单位不得安排从事重体力劳动和孕期禁忌的劳动以及有毒有害作业，也不得安排加班；产期检查应当计为劳动时间，工资照发；怀孕7个月以上，施工单位一般不得安排上夜班；施工单位不得以女工怀孕为由开除女工或解除劳动合同。三是产期的保护，女工在产期享受不少于90天的产假，其中产前休假15天；产假期间工资照发，福利待遇不变；施工单位不得以女工生育为由解雇女工。四是哺乳期的保护，女工哺乳期间，施工单位不得安排从事重体力劳动和禁忌劳动以及有毒有害作业，不得安排加班，一般不安排上夜班；施工单位应当在每班劳动时间内给予两次哺乳时间，每次0.5h；哺乳时间算作劳动时间，不得扣发工资；施工单位不得以女工哺乳为由解雇女工。哺乳期可至婴儿年满1周岁。

二、施工企业安排民工加班必须遵守的原则

(1) 协商和自愿原则。施工企业需要民工加班，延长工作时间必须经过协商，不得强迫民工加班加点。

(2) 支付合理报酬原则。施工企业安排民工加班必须支付高于民工正常工作时间的工资报酬，即按规定支付加班加点工资。

(3) 总量控制原则。施工企业在正常情况安排民工加班每天不得超过3h，每月不得超过36h。

三、民工安全生产义务

(1) 遵章守法、服从管理的义务。民工在作业过程中必须遵守安全生产规章制度和操作规程，服从管理，不得违章作业。

(2) 学习安全知识、掌握安全操作技能的义务。民工有义务接受安全生产教育和培训，掌握本工种所需要的安全生产知识和操作技能。

(3) 正确使用和佩戴劳动防护用品的义务。获得保障自身安全与健康的劳动防护用品是民工的安全生产权利，正确使用和佩戴劳动防护用品是民工的义务。

(4) 发现事故隐患应当及时报告的义务。民工在作业过程中发现安全隐患或者其他不安全因素，应当立即向现场安全生产管理人员或本单位负责人报告，接到报告的人员应当及时按规定予以处理。

第二部分 工 伤 保 险

一、工伤的含义

★ 工伤的含义

《工伤保险条例》规定应当认定为工伤的七种情形：

(1) 在工作时间和工作场所内，因工作原因受到事故伤害的。

(2) 工作时间前后在工作场所内，从事与工作有关的预备性或收尾性工作受到事故伤害的。

(3) 在工作时间的工作场所内，因履行工作职责受到暴力等意外伤害的。

(4) 患职业病的。

(5) 因工外出期间，由于工作原因受到伤害或者发生事故下落不明的。

(6) 在上下班途中，受到机动车事故伤害的。

(7) 法律、行政法规规定应当认定为工伤的其他情形。

民工在本岗位劳动，或被领导指派到施工企业外从事与工作有关的活动，或虽不在本岗位劳动，但由于施工企业的设备和设施不安全、劳动条件和作业环境不良、管理不善，所发生的人身伤害和急性中毒事故，都可享受工伤待遇。因此，民工一旦在施工作业中发生意外，出现工伤事故，应及时向当地有关部门报告和咨询，按规定享受应有的工伤待遇，而不应当私了。

二、工伤保险

工伤保险是指劳动者因工作原因遭受意外伤害以及患职业病，暂时或永久丧失劳动能力时，在医疗和生活上获得物质帮助的一种社会保险制度。民工在从事施工作业过程中，难免会遇到意外伤害或患职业病，造成暂时或永久丧失劳动能力时，都应当得到补偿。目前全国正在逐步推行工伤保险制度，施工企业应按规定为民工向工伤保险机构缴纳一定的工伤保险费用（即参加工伤保险），当民工发生工伤事故后，可从工伤保险机构获得相应的补偿。

三、工伤认定和劳动能力鉴定

《工伤保险条例》规定，职工发生事故伤害或者按照职业病防治法规定被诊断、鉴定为职业病，所在单位应当自事故伤害发生之日或者被诊断、鉴定为职业病之日起30日内，向劳动保障行政部门提出工伤认定申请。遇有特殊情况，经报劳动保障行政部门同意，申请时限可以适当延长。用人单位未在规定时限内提交工伤认定申请的，在此期间发生符合条例规定的工伤待遇等有关费用由该用人单位负担。

用人单位未按前款规定提出工伤认定申请的，工伤职工或者直系亲属、工会组织在事故伤害发生之日或者被诊断、鉴定为职业病之日起1年内，可以直接向用人单位所在地劳动保障行政部门提出工伤认定申请。

四、遭遇工伤后的待遇

(1) 工伤医疗待遇。《工伤保险条例》规定，职工因工作遭受事故伤害或者患职业病进行治疗，享受工伤医疗待遇。职工住院治疗工伤的，由所在单位按照本单位因公出差伙食补助标准的70%发给住院伙食补助费；经医疗机构出具证明，报经办机构同意，工伤职工到统筹地区以外就医的，所需交通、食宿费用由所在单位按照本单位职工因公出差标准报销。

(2) 工伤工资待遇。遭遇工伤的民工在停工留薪期内的，用人单位不得减少其工资福利待遇。停工留薪期是指职工因工负伤、患职业病需要接受工伤医疗而暂停工作，由用人单位继续发给原工资福利待遇的一段期间。在停工留薪期内，原工资福利待遇不变，由所在单位按月支付。

(3) 生活护理费待遇。经过劳动能力鉴定委员会确认，因工伤而需要生活护理的民工，可以依法享受生活护理费。生活护理费是指工伤职工经伤残评定并经劳动能力鉴定委员会确认需要生活护理的，由工伤保险机构从工伤保险基金中按月支付生活护理补助的费用。

(4) 工伤伤残补偿待遇。民工因工致残被鉴定为一级至四级伤残的，可以选择长期待遇的方式。民工因工致残被鉴定为五级至六级伤残的，用人单位不得主动提出与其解除或终止劳动关系。

(5) 工伤死亡抚恤待遇。民工因工死亡后，其遗属可按规定享受工伤死亡待遇，包括丧葬补助金、一次性工伤死亡补助金和供养亲属抚恤金等。

五、工伤定级后的各级待遇

（一）一次性伤残补助金

1.享受条件

因工受伤或确认为职业病，经劳动鉴定委员会鉴定为一级至十级的工伤职工，发给一次性伤残补助金；工伤人员旧伤复发的以及因公、因战致残的军人复员转业到企业工作后旧伤复发的，不发给一次性伤残补助金。

2.待遇标准

一次性伤残补助金的标准相当于本人受伤前12个月的平均月缴工资标准的6～24个月的工资总和。一级24个月，二级22个月，三级20个月，四级18个月，五级16个月，六级14个月，七级12个月，八级10个月，九级8个月，十级6个月。

（二）伤残津贴

1.享受条件

工伤职工被鉴定为一级至四级的，应当退出生产工作岗位，按月领取伤残津贴。

2.待遇标准

★ 工伤保险条例

伤残津贴的标准为本人受伤前12个月平均月缴费工资的90%～75%。一级90%，二级85%，三级80%，四级75%。本人受伤前12个月平均月缴费工资高于本市上年度职工月平均工资300%以上的，以本市上年度职工月平均工资的300%作为伤残抚恤金的计发基数；工伤职工受伤前12个月平均月缴费工资低于本市上年度职工平均工资60%的，以本市上年度职工月平均工资的60%作为伤残津贴的计发基数。

六、事实劳动关系与工伤待遇

未与施工企业签订劳动合同的民工，如果与施工企业存在事实劳动关系，而又在工作中发生工伤事故，则施工企业亦应负担民工受工伤后的工伤待遇。

例如：民工李某未与施工企业签订劳动合同，但在上班途中遭遇车祸造成伤残。经劳动和社会保障部门认定，李某与施工企业存在事实劳动关系，而且是在上班途中受伤，应被认定为工伤。所在的施工企业应支付李某一次性伤残补助金，补发生活护理费和伤残津贴。

第三部分 安全生产知识

一、实施“三级安全教育”

实施“三级安全教育”是施工企业的义务，是指施工企业对新进入施工现场的工人上岗前必须进行三级安全教育，即上岗前必须进行“公司、项目部和作业班组”三级安全教育。包括新工人和变换工种工人的安全教育，安全教育应使劳动者了解将进行作业的环节和危险程度，熟悉操作规程，检查劳动保护用品是否完好并会正确使用。

未进行岗前安全教育发生安全事故的，施工企业应承担赔偿责任。

二、控制“三违”行为

“三违”行为是指“违章指挥、违章操作、违反劳动纪律”的行为。“三违”行为可能随时在工人身边发生，是酿成安全事故的祸根，危害极大，绝不可等闲视之。

三、做到“三不伤害”

“三不伤害”是指在工程施工过程中“不伤害自己、不伤害他人、不被他人伤害”。自己不违章，只能保证不伤害自己和不伤害别人。要做到不被别人伤害，还要及时制止他人违章。制止他人违章既保护了自己，也保护了别人。

四、避免“七种不安全状态”

“七种不安全状态”是指：①机器和设备的防护、保险、信号等装置缺乏，或装置本身存在缺陷；②设备在非正常状态下运行，或设备长期带病运转、超负荷运转；③设备维修、调整不当，或保养不良、失修、失灵；④个人劳动防护用品缺少，或防护用品不符合劳动安全卫生要求；⑤生产场所环境不良，有严重噪声、粉尘、辐射、有毒有害气体等；⑥操作工序设计或相关配置不安全，产品生产流程中有较多的危险因素；⑦危险物品储存方法不安全或环境湿度不当。

★ 生产场所环境不良

五、杜绝“八种不安全行为”

“八种不安全行为”是指可能造成安全事故的人为错误，包括：①操作错误，忽视安全，忽视警告，拆除安全装置，人为造成安全装置失效；②使用无安全装置的设备和不牢固设施；③以手工代替工具操作；④冒险进入危险场所；⑤攀、坐不安全位置；⑥在必须使用个人防护用品、用具的作业或场所中，不佩戴或不正确佩戴防护用品，或使用不合格、不适用的防护用品；⑦穿着不安全装束；⑧对易燃、易爆等危险物品处理不当或处理错误。

★ 必须使用个人防护用品

六、注意“十二种人”

水利工程施工实践表明，水利工程施工中注意以下“十二种人”非常重要：①不考虑后果的“大胆人”；②冒险蛮干的“危险人”；③冒失莽撞的“勇敢人”；④盲目听指挥的“糊涂人”；⑤吊儿郎当、凑凑合合的“马虎人”；⑥投机取巧的“聪明人”；⑦满腹委屈的“气愤人”；⑧难事缠身、心神不定的“忧愁人”；⑨急于求成的“草率人”；⑩身体欠佳的“疲惫人”；⑪初来乍到的“新工人”；⑫力不从心的“老工人”。

七、安全生产管理原则

(1) 坚持“安全第一、预防为主”的方针，贯彻落实国家法律法规和各项规章制度。

(2) 贯彻执行“政府统一领导、部门依法监管、企业全面负责、群众参与监督、全社会广泛支持”的安全生产工作体系。

(3) 坚持“管生产必须管安全、谁主管谁负责”的原则，执行“先教育、后上岗，不教育、不上岗”，“先防护、后施工，不防护、不施工”的管理制度。

八、安全“三宝”

“三宝”是指安全帽、安全带、安全网。

九、“四不放过”原则

“四不放过”原则是安全事故处理的原则，是指安全事故原因未查清的不放过、职工和责任人未受到教育的不放过、防范措施未落实的不放过、责任人未受到处理的不放过。

十、“五口”防护

“五口”防护是指水利工程施工现场的洞、坑、沟、升降口、漏斗等危险处应有防护设施或明显标志。“五口”是水利工程施工现场安全防护的重点，必须有可靠的防护措施。禁止任何人私自拆除“五口”的防护措施。

十一、水利工程施工“五类多发事故”

水利工程施工“五类多发事故”是指高空坠落、物体打击、坍塌、触电、机械伤害。

十二、机械加工“五大工伤事故”

机械加工常发生的工伤事故：机械致伤、切屑割伤、砂轮破碎伤人、物体打击、触电。

十三、“六临边”保护

“六临边”保护是指在坝顶、陡坡、屋顶、悬崖、杆塔、吊桥脚手架以及其他危险边沿进行高空作业时，临空一面必须搭设安全网或防护栏杆。“六临边”是水利工程施工现场安全防护的重点，必须有可靠的防护、保护设施。

十四、起重机械“十不准”原则

“十不准”原则包括：①被吊物重量超过机械性能允许范围不准吊；②信号不清不准吊；③吊物下方有人站立不准吊；④吊物上站人不准吊；⑤埋在地下的物品不准吊；⑥斜拉斜物不准吊；⑦散物捆绑不牢不准吊；⑧零散物不装容器不准吊；⑨吊物重量不明、吊索具不符合规定不准吊；⑩六级以上大风、大雾天影响视力和大雨雪时不准吊。

十五、登高作业“十不登”准则

“十不登”准则包括：①患有心脏病、高血压、深度近视等症的不登高；②迷雾、大雪、雷雨或六级以上大风不登高；③没有安全帽、安全带的不登高；④夜间没有充分照明的不登高；⑤饮酒、精神不振或有医生证明不宜登高的不登高；⑥脚手架、脚手板、梯子没有防滑措施或不牢固的不登高；⑦穿了厚底皮鞋或携带笨重工具的不登高；⑧高处顶部没有固定防滑措施的不登高；⑨设备和构筑件之间没有安全跳板、高压电线没有遮栏的不登高；⑩石棉瓦、油毡屋面上无脚手架的不登高。

第四部分　安全标志和劳动防护用品

一、安全标志的含义

根据国家标准规定，安全标志由安全色、几何图形和图形符号构成，是表达特定安全信息含义的颜色和标志。以其形象醒目的信息语言向人们提供表达禁止、警告、指令、提示等的安全信息。

二、安全标志的种类

安全标志可分为禁止标志、警告标志、指令标志和提示标志四类。

(1) 禁止标志是禁止人们不安全行为的图形标志，即不准许或制止人们的某种行为图形标志。基本形式为带斜杠的圆形边框、白底、红圈、红杠、黑图案。

(2) 警告标志是提醒人们对周围环境引起注意，以避免可能发生危险的图形标志，即人们应该注意有可能发生危险的图形标志。基本形式是正三角形边框、黄底、黑边图案。

(3) 指令标志是强制人们必须做出某种动作或采取防范措施

的图形标志，即表示必须遵守规定的图案标志。基本形式是圆形边框、蓝底、白图案。

★ 安全标志

(4) 提示标志是向人们提供某种信息的图形标志，即示意目标方向的图案标志。基本形式是正方形边框、绿底、白图案。

三、安全色的含义

安全色是表达禁止、警告、指令、提示等安全信息的颜色。使用安全色的目的是为了人们能够迅速发现或分辨出安全标志，提醒人们注意，用时作出反应，以防发生事故。我国《安全色国家标准》中采用了红、蓝、黄、绿四种颜色为安全色。

四、安全色的种类

(1) 红色表示禁止、停止。用于禁止标志、停止信号以及禁止人们触动的部位。由于红色的注目性非常高，较容易辨认，所以用红色表示危险、禁止和紧急停止的信号。

(2) 蓝色表示指令及必须遵守的规定。蓝色的醒目程度和可识别性虽然不太好，但与白色相配使用效果不错，特别是在太阳光直射情况下较明显，所以蓝色作为指令标志的颜色。

(3) 黄色表示警告、注意。黄色对人眼能产生比红色更高的明度，黄色与黑色组成的条纹是可识别性最高的色彩，特别能引起人们的注意，所以各种警告标志都用黄色表示。

(4) 绿色表示提示、安全状态、通行。绿色的可识别性和醒目性虽然不高，但绿色是新鲜、年轻、青春的象征，具有和平、永远、生长、安全等效应，所以用绿色表示安全信息。

五、劳动防护用品的含义

劳动防护用品是指作业人员在施工过程中为保证安全健康，防止事故伤害或职业危害而佩戴使用的各种用具的总称。劳动防护用品是保护民工安全与健康的一种辅助措施。

水利施工企业有义务为进入水利建设工地的民工提供劳动防护用品，并确保民工能正确使用。严禁民工故意或无故除去劳动防护用品，以免危害自己或他人的安全。

所有配备劳动防护用品的民工，必须确保劳动防护用品状况良好，如有损坏，应立即向安全生产专职管理人员报告，以便安排更换。

六、常用劳动防护用品

(1) 安全帽。系头部防护用品，它能使冲击分散到尽可能大的表面，并使高空坠落物向外侧偏离，减轻伤害程度。

进入水利施工现场必须戴好安全帽。安全帽必须有合格的帽衬、帽带。戴帽必须系好帽带。安全帽由帽衬和帽壳两部分组成，帽衬与帽壳不能紧贴，应有一定间隙，当有落物冲击到安全帽壳

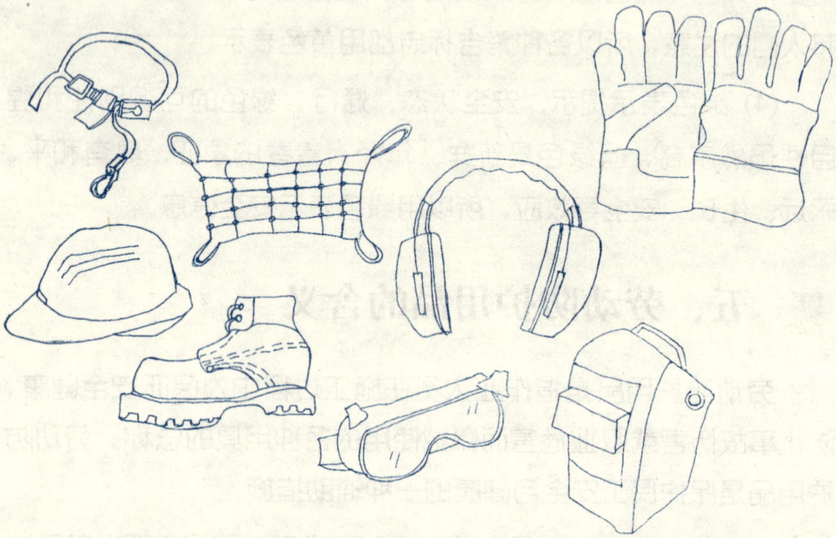

★ 安全带、安全网、护耳罩、防护手套、安全帽、安全鞋、护目镜、面罩

上时，帽衬可起缓冲作用，避免颈椎受到伤害。

每次使用前必须检查安全帽是否出现裂痕，或有否受到过撞击而有损坏。所有破旧、有问题或损坏的安全帽都必须更换。在工地内严禁摘掉安全帽、抛掷安全帽，或将安全帽另做它用。

(2) 安全带。系高处坠落防护用品，主要是防止高处作业人员坠落。

水利建设工程施工在进行有可能从高处坠落的工作时，必须佩戴安全带，并将安全带牢固地固定在合适的系定点上。安全带必须高挂低用，即安全带必须直接系于工作点上方的系定点，牵索必须尽量缩短，要做到先挂牢后作业。

水利建设工程施工建议使用背套式安全带，因为背套式安全带可减轻坠落时腰部所承受的冲击力，从而减轻伤势。

(3) 安全网。系高处坠落防护用品，主要是防止高处作业人员坠落。

安全网不得随意拆毁，也不得随意向安全网上乱抛杂物或随意撕毁网片。

(4) 安全鞋。系足部防护用品，主要防止物体砸伤、烧伤和酸（碱）烧伤足部等危害。

水利建设工程施工作业时必须穿安全的鞋子，不可以穿拖鞋、高跟鞋进行施工，尤其是不可以进行高空作业。电工，或进行有触电危险工作的人员，则必须根据需要穿着有绝缘鞋底的安全鞋。

(5) 护目镜和面罩。系眼（面）部防护用品，主要用于强光、烟雾和高温等作业环境，防止对眼（面）部的伤害。

水利建设工程施工进行以下作业时，必须戴上合适的面罩：①机动砂轮进行研磨及切割，或者打磨砂轮；②有色金属及铸铁的内外车削，但精密车削除外；③焊接及切割；④使用激光的任何工作；⑤任何有可能导致微粒飞射而使眼睛受伤的工作。

(6) 护耳罩。系听力防护用品，主要防止噪声过大，造成耳失聪。水利建设工程施工从事高噪声的工种时，应使用护耳罩。要确保护耳罩的软垫能罩住整个耳部，并完全密封。

(7) 防护手套。系手和手臂防护用品，主要防止焊接、X射线、酸（碱）对手和手臂的危害。

水利建设工程施工在不适合以手直接接触机械、机具、物料、液体的情况下，以及可能导致手部受伤的情况下必须佩戴合适的防护手套。有可能触电的工作则应佩戴绝缘手套。

防护手套要跟手型相符合，如果防护手套过长的部分有可能被卷入机器，则不能佩戴。

七、使用劳动防护用品的注意事项

需要佩戴防护用品的人员在使用防护用品前，应认真阅读产品安全使用说明书，确认其使用范围、有效期限等内容，熟悉其使用、维护和保养方法，发现防护用品有受损或超过有效期限等情况，决不能冒险使用。

八、安全帽的正确佩戴

如果安全帽佩戴方法不正确，当操作者不慎从高处坠落或坠落物击中头部的时候，就起不到防护作用，所以必须掌握正确的佩戴方法。

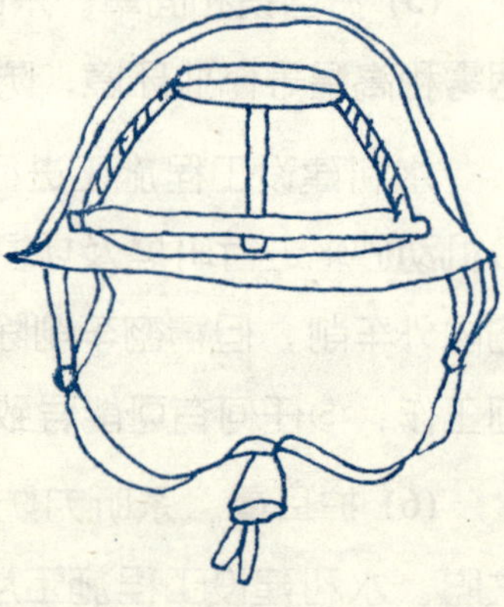

★ 安全帽内部结构

(1) 安全帽帽体内顶部和人的头顶的空间至少有32mm，缓冲衬垫的松紧可由带子调节。

(2) 帽带要系结实，防止因松动而降低抗冲击能力。

(3) 不应将安全帽歪戴在脑后，否则会降低对冲击的防护作用。

(4) 安全帽要定期检查，发现帽子有龟裂、裂缝或严重磨损等情况，应立即更换。

九、安全带的安全要求

安全带在使用时应注意经常检查其缝制和挂钩部位是否完好可靠，发现磨损应及时修理或更换。安全带应系紧在腰部，挂钩应扣在不低于作业者所处水平位置的固定牢靠处。安全带应防止日晒、雨淋，并定期进行检验，检验合格的方可继续使用。

第五部分 水利建设工程施工现场安全生产基本要求

一、新工人安全生产须知

(1) 新工人进入水利建设工地前必须认真学习本工种安全技术操作规程。未经安全知识教育和培训，不得进入施工现场操作。

(2) 进入施工现场，必须戴好安全帽，系好帽带。

(3) 在没有防护设施的2m高处，悬崖和陡坡施工作业必须系好安全带。

(4) 高空作业时，不准往下或向上抛材料和工具等物件。

☆ 在没有防护设施的2m高处，悬崖和陡坡施工作业必须系好安全带

(5) 不懂电器和机械的人员，严禁使用和接触机电设备。

(6) 建筑材料和构件要堆放整齐稳妥，不要过高。

(7) 危险区域要有明显标志，要采取防护措施，夜间要设红灯示警。

(8) 在操作中，应坚守工作岗位，严禁酒后操作。

★ 堆放整齐稳妥，不要过高

(9) 特殊工种（电工、焊工、司炉工、爆破工、起重及打桩司机和指挥、架子工、各种机动车辆司机等）必须经过有关部门专业培训考试合格发给操作证，方准独立操作。

(10) 施工现场禁止穿拖鞋、高跟鞋、赤脚和易滑、带钉的鞋及赤膊操作。

(11) 施工现场的脚手架、防护设施、安全标志、警告牌、脚手架连接铅丝或连接件不得擅自拆除，需要拆除必须经过加固后经施工负责人同意。

(12) 施工现场的洞、坑、井架、升降口、漏斗等危险处，应有防护措施并有明显标志。

(13) 任何人不准向下、向上乱丢材料、物、垃圾、工具等。不准随意开动一切机械，操作中思想要集中，不准开玩笑，做私活。

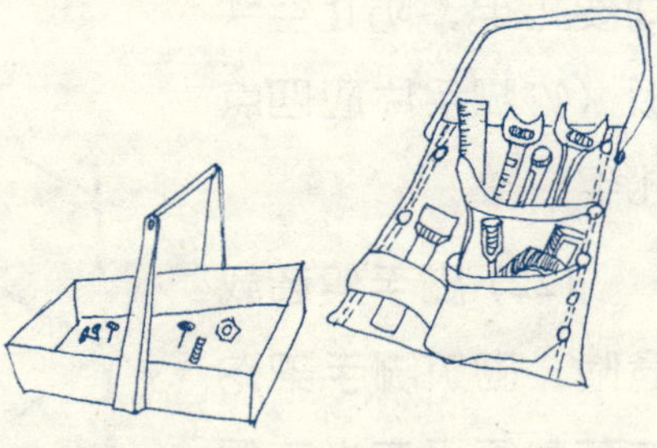

★ 工具用好后要随时装入工具袋

(14) 不准坐在脚手架防护栏杆上休息和在脚手架上睡觉。

(15) 手推车装运物料，应注意平稳，掌握重心，不得猛跑或撒把溜放。

★ 手推车装物不得猛跑或撒把溜放

(16) 拆下的脚手架、钢模板、轧头或木模、支撑要及时整理，圆钉要及时拔除。

(17) 砌墙斩砖要朝里斩，不准朝外斩。防止碎砖坠落伤人。

(18) 工具用好后要随时装入工具袋。

(19) 不准在井架内穿行；不准在井架提升后不采取安全措施到下面去清理砂浆、混凝土等杂物；不准吊篮久停空中；下班后吊篮必须放在地面处，且切断电源。

(20) 脚手架上霜、雪、泥等要及时清扫。

(21) 脚手板两端间要扎牢，防止空头板（竹脚手片应四点扎牢）。

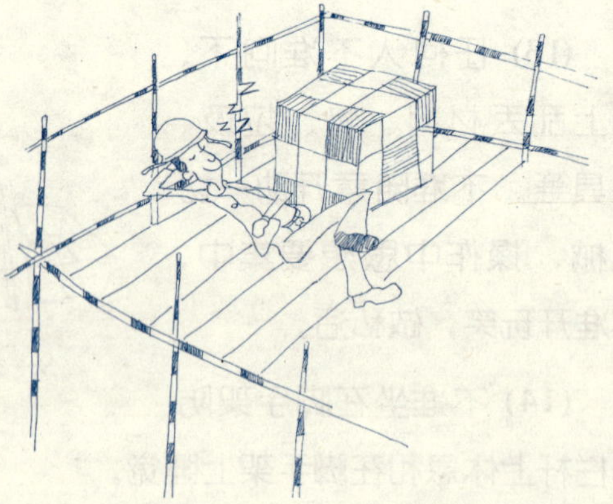
★ 不准在防护栏杆上休息

(22) 脚手架超载危险。砌筑脚手架均布荷载每平方米不得超过270kg，即在脚手架上堆放标准砖不得超过单行侧放三侧高。

20孔多孔砖不得超过单行侧放四侧高，非承重三孔砖不得超过单行平放五皮高，只允许在两排脚手架上同时堆放。

★ 高处作业不要用力过猛

(23) 脚手架连接物拆除危险。

(24) 坐在防护栏杆上休息危险。

(25) 搭、拆脚手架，井字架不系安全带危险。

(26) 单梯上部要扎牢，下部要有防滑措施。

(27) 挂梯上部要挂牢，下部要绑扎。

(28) 人字梯中间要扎牢，下部要有防滑措施，不准人坐在上面，骑马式移动。

(29) 高空。从事高空作业的人员，必须身体健康，患有高血压、贫血症、严重心脏病、精神症、癫痫病、深度近视眼在500度以上人员，以及经医生检查认为不适合高空作业的人员，不得从事高空作业。对井架，起重工等从事高空作业的工种人员要

★ 遇有暴雨、浓雾和六级以上的强风应停止室外作业

每年体格检查一次。

(30) 在平台、屋沿口操作时，面部要朝外，系好安全带。

(31) 高处作业不要用力过猛，以防止失去平衡而坠落。

(32) 在平台等处拆木模撬棒要朝里，不要向外，防止人向外坠落。

★在平台、屋沿口操作时，面部要朝外，系好安全带

(33) 遇有暴雨、浓雾和六级以上的强风应停止室外作业。

(34) 夜间施工必须要有充分的照明。

二、建筑工人安全技术操作规程一般规定

(一) 施工现场

第一条 参加施工的工人（包括徒工、实习生、代培人员和民工）要熟知工种的安全技术操作规程。在操作中，应坚守工作岗位，严禁酒后操作。

第二条 电工、焊工、司炉工、爆破工、起重机司机、打桩司机和各种机动车辆司机，必须经过专门训练，考试合格发给操作证，方准

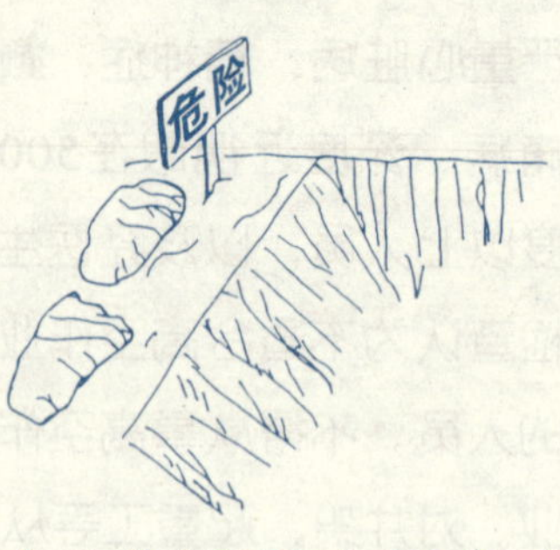

★ 危险地区要悬挂“危险”或“禁止通行”牌

独立操作。

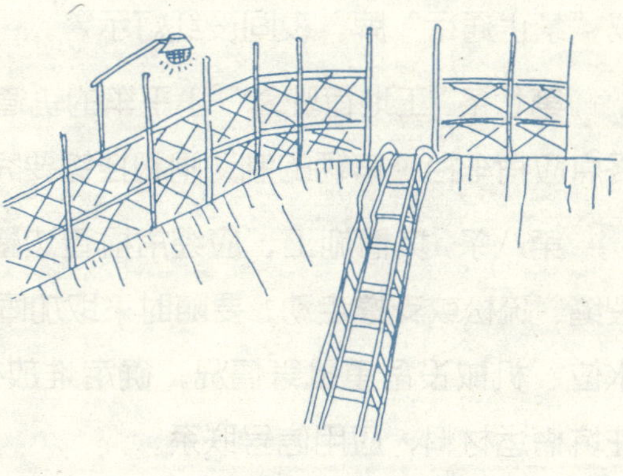

★ 夜间红灯示警

第三条　正确使用个人防护用品和安全防护措施，进入施工现场，必须戴好安全帽，禁止穿拖鞋或光脚，在没有防护设施的情况下高空、悬崖和陡坡施工，必须系安全带，上下交叉作业有危险的出入口要有防护棚或其他隔离设施，距地面2m以上作业要有防护栏杆、挡板或安全网。安全帽、安全带、安全网要定期检查，不符合要求的，严禁使用。

第四条　施工现场的脚手架、防护设施、安全标志和警告牌不得擅自拆动，需要拆动的，要经工地负责人同意。

★ 应经常检查边壁土质稳固情况

第五条　施工现场的洞、坑、沟、升降口、漏斗等危险处，应有防护设施或明显标志。

第六条　施工现场要有交通指示标志，交通频繁的交叉路口，应设指挥；火车道口两侧，应设落杆，危险地区，要悬挂“危险”

或“禁止通行”牌，夜间设红灯示警。

第七条　工地行驶斗、小平车的轨道坡度不得大于3%，铁轨终点应有车挡，车辆的制动闸和挂钩要完好可靠。

第八条　坑槽施工，应经常检查边壁土质稳固情况，发现有裂缝、疏松或支撑走动，要随时采取加固措施，根据土质、沟深、水位、机械设备重量等情况，确定堆放材料和施工机械边距离，往坑槽运材料，应用信号联系。

第九条　调配酸溶液，应先将酸缓慢地注入水中，搅拌均匀，严禁将水倒入酸中。贮存酸液的容器应加盖和设有标志。

第十条　做好女工在月经、怀孕、生育和哺乳期间的保护工作，女工在怀孕期间对原工作不能胜任时，根据医生的证明，应调换轻便工作。

（二）机电设备

第十一条　机械操作要束紧袖口，发辫要挽入帽内。

第十二条　机械和动力机的机座必须稳固，转动的危险部位要安设防护装置。

第十三条　工作前必须检查机械、仪表、工具等，确认完好方准使用。

第十四条　电气设备和线路必须绝缘良好，电线不得与金属物绑在一起，各种电动机具必须按规定接地接零，并设置单一开关，还有临时停电或停工休息时，必须拉闸加锁。

第十五条　施工机械和电气设备不得带病运行和超负荷作业。

发现不正常情况应停机检查，不得在运行中修理。

第十六条 电气、仪表和设备试运转，应严格按照单项安全技术措施运行，运转时不准清洗和修理，严禁将头手伸入机械行程范围内。

第十七条 在架空输电线路下面工作应停电，不能停电时，应有隔离防护措施，起重机不得在架空输电线下面工作，通过架空输电线路应将起重臂落下，在架空输电线路一侧工作时，不论在任何情况下，起重臂、钢丝绳或重物等与架空输电线路的最近距离不小于下表：

输电线路电压（kV）	1	1～20	35～110	150～220
允许与输电线路的最近距离（m）	2.5	3	5	7

第十八条 行灯电压不得超过36V、在潮湿空气或金属容器内工作时，行灯电压不得超过12V。

第十九条 受压容器应有安全阀、压力表，并避免曝晒、碰撞，氧气瓶严防沾染油脂；乙炔发生气、液化石油气，必须有防止回火的安全装置。

第二十条 X光或丁射线探伤作业区，非操作人员，不准进入。

第二十一条 从事腐蚀、粉尘、放射性和有毒作业，要有防

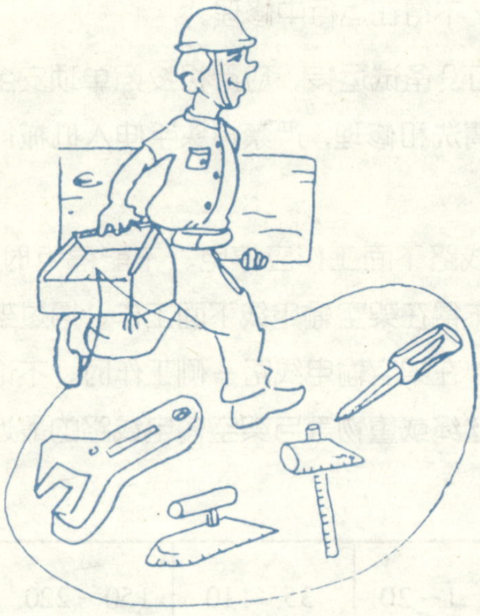

★ 高处作业人员工具应随手放入工具箱内

护措施，并进行定期检查。

（三）高空作业

第二十二条 从事高空作业要定期体检，经医生诊断，凡患高血压、心脏病、贫血病、癫痫病以及其他不适于高空作业的，不得从事高空作业。

第二十三条 高空作业衣着要灵便，禁止穿硬底和带钉易滑的鞋。

第二十四条 高空作业所用材料要堆放平稳，工具应随手放入工具袋内，上下传递物体禁止抛掷。

第二十五条 遇有恶劣气候（如风力在六级以上）影响施工安全时，禁止进行露天高空、起重和打桩作业。

第二十六条 梯子不得缺档，不得垫高使用，梯子横档间距以30cm为宜，使用时上端要扎牢，下端应采取防滑措施，单面梯与地面夹

★ 避免乱丢工具

角60°~70°为宜，禁止二人同时在梯子上作业，如需接长使用，应绑扎牢固，人字梯底脚应拉牢，在通道处使用梯子，应有人监护或设置围栏。

第二十七条　没有安全防护措施，禁止在屋架的上弦、支撑、桁条、挑架的挑梁和半固定的构件上行走或作业，高空作业与地面联系，应设通信装置，并专人负责。

第二十八条　乘人的外用电梯、吊笼，应有可靠的安全装置，除指派的专业人员外，禁止攀登起重臂、绳索和随同运料的吊笼吊装物上下。

（四）季节施工

第二十九条　暴雨台风前后，要检查工地、临时设施、脚手架、机电设备、临时线路，发现倾斜、变形、下沉、漏雨、漏电等现象，应及时修理加固，有严重危险的，立即排除。

第三十条　高层建筑、烟囱、水塔的脚手架及易燃、易爆、仓库和塔吊、打桩机等机械应设临时避雷装置，对机电设备的电气开关，要有防雨、防潮设施。

第三十一条　现场道路应加强维护，斜道和脚手板应有防滑措施。

第三十二条　夏季作业应调整作息时间，从事高温工作的场所，应加强通风和降温措施。

第三十三条　冬季施工使用煤炭取暖，应符合防火要求和指定专人负责管理，并有防止一氧化碳中毒的措施。

三、安全生产六大纪律

(1) 进入现场必须戴好安全帽，系好帽带；并正确使用个人劳动防护用品。

(2) 2m以上的高处、悬空作业、无安全设施的，必须戴好安全带、系好保险钩。

(3) 高处作业时，不准往下或向上乱抛材料和工具等物件。

(4) 各种电动机械设备必须有可靠有效的安全接地和防雷装置，方能开动使用。

(5) 不懂电气和机械的人员，严禁使用和接触机电设备。

(6) 吊装区域非操作人员严禁入内，吊装机械必须完好，把杆垂直下方不准站人。

四、十项安全技术措施

(1) 按规定使用安全“三宝”。

(2) 机械设备防护装置一定要齐全有效。

(3) 塔吊等起重设备必须有限位保险装置，不准“带病”运转，不准超负荷作业，不准在运转中维修保养。

(4) 架设电线线路必须符合当地电业局的规定，电气设备必须全部接零接地。

(5) 电动机械和手持电动工具要设置漏电掉闸装置。

(6) 脚手架材料和脚手架的搭设必须符合规程要求。

(7) 各种缆风绳及其设置必须符合规程要求。

★ 禁止用手代替工具

(8) 在建工程的楼梯口、电梯口、预留洞口、通道口，必须有防护设施。

(9) 严禁赤脚或穿高跟鞋、拖鞋进入施工现场，高空作业不准穿硬底和带钉易滑的鞋靴。

★ 严禁赤脚或穿高跟鞋、拖鞋进入施工现场

(10) 施工现场的悬崖、陡坎等危险地区应设警戒标志，夜间要设红灯示警。

五、做到“十不盲从操作”

(1) 新工人未经三级安全教育、复工换岗人员未经安全岗位教育，不盲从操作。

(2) 特殊工种人员、机械操作工未经专门安全培训，无有效安全上岗操作证，不盲从操作。

(3) 施工环境和作业对象情况不清，施工前无安全措施或作业安全交底不清，不盲从操作。

(4) 新技术、新工艺、新设备、新材料、新岗位无安全措施，未进行安全教育培训教育、交底，不盲从操作。

(5) 安全帽和作业所必需的个人防护用品不落实，不盲从操作。

(6) 脚手、吊篮、塔吊、井字架、龙门架、外用电梯、起重机械、电焊机、钢筋机械、木工平刨、圆盘踞、搅拌机、打桩机等设施设备和现浇混凝土模板支撑、搭设安装后，未经验收合格，不盲从操作。

(7) 作业场所安全防护措施不落实，安全隐患不排除，威胁人身和国家财产安全时，不盲从操作。

(8) 凡上级或管理干部违章指挥，有冒险作业情况时，不盲从操作。

(9) 高处作业、带电作业、禁火区作业、易燃易爆作业、爆破性作业、有中毒或窒息危险的作业和科研实验等其他危险作业的，均应由上级指派，并经安全交底；未经指派批准、未经安全交底和无安全防护措施，不盲从操作。

(10) 隐患未排除，有自己伤害自己、自己伤害他人、自己被他人伤害的不安全因素存在时，不盲从操作。

六、施工现场行走或上下的“十不准”

(1) 不准从正在起吊、运吊中的物件下通过。

(2) 不准从高处往下跳或奔跑作业。

(3) 不准在没有防护的外墙和外壁板等建筑物上行走。

(4) 不准站在小推车等不稳定的物体上操作。

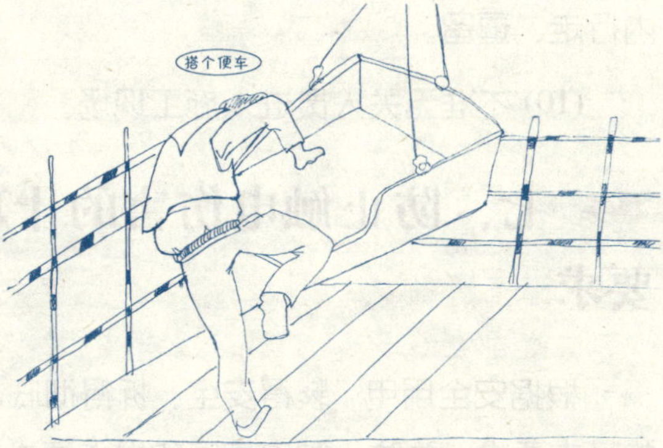

★ 不得攀登吊装物

(5) 不得攀登起重臂、绳索、脚手架、井字架、龙门架和随同运料的吊盘及吊装物上下。

(6) 不准进入挂有“禁止出入”或设有危险警示标志的区域、场所。

★ 不准从正在起吊、运吊中的物件下通过

(7) 不准在重要的运输通道或上下行走通道上逗留。

(8) 未经允许不准私自进入非本单位作业区域或管理区域，尤其是存有易燃易爆物品的区域。

★ 不准从高处往下跳或奔跑作业

(9) 严禁在无照明设施，无足够采光条件的区域、场所内行走、逗留。

(10) 不准无关人员进入施工现场。

七、防止触电伤害的十项基本安全操作要求

根据安全用电“装得安全、拆得彻底、用得正确、修得及时”的基本要求，为防止触电伤害的操作要求有：

(1) 非电工严禁拆接电气线路、插头、插座、电气设备、电灯等。

(2) 使用电气设备前必须要检查线路、插头、插座、漏电保护装置是否完好。

(3) 电气线路或机具发生故障时，应找电工处理，非电工不得自行修理或排除故障。

(4) 使用振捣器等手持电动机械和其他电动机械从事湿作业时，要由电工接好电源，安装上剩余电流动作保护（漏电保护器），操作者必须穿戴好绝缘鞋、绝缘手套后再进行作业。

★ 搬运钢筋、钢管及其他金属物时，严禁触碰到电线

(5) 搬运或移动电气设备必须先切断电源。

(6) 搬运钢筋、钢管及

其他金属物时，严禁触碰到电线。

(7) 禁止在电线上挂晒物料。

(8) 禁止使用照明器烘烤、取暖，禁止擅自使用电炉和其他电加热器。

(9) 在架空输电线路附近工作时，应停止输电，不能停电时，应有隔离措施，要保持安全距离，防止触碰。

(10) 电线必须架空，不得在地面、施工楼面随意乱拖，若必须通过地面、楼面时应有过路保护，物料、车、人不准压踏碾磨电线。

八、防止车辆伤害的十项基本安全要求

(1) 未经劳动、公安交通部门培训合格持证人员，不熟悉车辆性能者不得驾驶车辆。

(2) 应坚持做好例保工作，车辆制动器、喇叭、转向系统、灯光等影响安全的部件如作用不良不准出车。

(3) 严禁翻斗车、自卸车车厢乘人，严禁人货混装，车辆载货应不超载、超高、超宽，捆扎应牢固可靠，应防止车内物体

★ 头、手、身不得露出车厢外

失稳跌落伤人。

(4) 乘坐车辆应坐在安全处，头、手、身不得露出车厢外，要避免车辆启动制动时跌倒。

★ 车辆载货应不超载

(5) 车辆进出施工现场，在场内掉头、倒车，在狭窄场地行驶时应有专人指挥。

(6) 现场行车进场要减速，并做到“四慢”，即：道路情况不明要慢，线路不良要慢，起步、会车、停车要慢，在狭路、桥梁弯路、坡路、岔道、行人拥挤地点及出入大门时要慢。

(7) 在临近机动车道的作业区和脚手架等设施，以及在道路中的路障应加设安全色标、安全标志和防护措施，并要确保夜间有充足的照明。

(8) 装卸车作业时，若车辆停在坡道上，应在车轮两侧用楔形木块加以固定。

★ 若车辆停在坡道上，应在车轮两侧用楔形木块加以固定

(9) 人员在场内机动车道应避免靠右侧行走，并做到不平排结队有碍交通；避让车辆时，应不避让于两车交会之中，

不站于旁有堆物无法退让的死角。

(10) 机动车辆不得牵引无制动装置的车辆，牵引物体时物体上不得有人，人不得进人正在牵引的物体与车之间，坡道上牵引时，车和被牵引物下方不得有人作业和停留。

★ 平排结队有碍交通

九、防止高处坠落、物体打击的十项基本安全要求

(1) 高处作业人员必须着装整齐，严禁穿硬塑料底等易滑鞋、高跟鞋，工具应随手放入工具箱内。

(2) 高处作业人员应严禁相互打闹，以免失足发生坠落危险。

(3) 在进行攀登作业时，攀登用具结构必须牢固可靠，使用必须正确。

(4) 各类手持机具使用前应检查，确保安全牢靠。洞口临边作业应防止物件坠落。

(5) 施工人员应从规定的通道上下，不得攀爬脚手架、跨越阳台，在非规定通道进行攀登、行走。

(6) 进行悬空作业时，应有牢靠的立足点并正确挂系安全带；现场应视具体情况配置防护栏网、栏杆或其他安全设施。

★ 施工人员应从规定的通道上下

(7) 高处作业时，所有物料应堆放平稳，不可放置在临边或洞口附近，并不可妨碍通行。

(8) 高处拆除作业时，对拆卸下的物料、建筑垃圾都要加以清理和及时运走，不得在走到上任意乱置或向下丢弃，保持作业走道畅通。

(9) 高处作业时，不准往下或向上乱抛材料和工具等物件。

(10) 各施工作业场所内，凡有坠落可能的任何物料，都应先行撤除或加以固定，拆卸作业要在设有禁区、有人监护的条件下进行。

十、起重吊装的“十不吊”规定

(1) 起重臂和吊起的重物下面有人停留或行走时不准吊。

(2) 起重指挥应由技术培训合格的专职人员担任，无指挥或信号不清时不准吊。

(3) 钢筋、型钢、管材等细长和多根物件必须捆扎牢靠，多点起吊。单头千斤或捆扎不牢靠不准吊。

(4) 多孔板、积灰斗、手推翻斗车不用四点吊或大模板外挂板不用卸甲不准吊。预制钢筋混凝土楼板不准双拼吊。

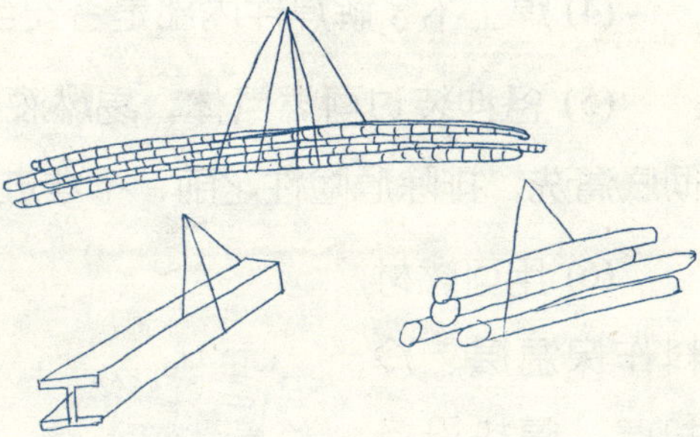

★单头千斤或捆扎不牢靠不准吊

(5) 吊砌块必须使用安全可靠的砌块夹具，吊砖必须使用砖笼，并堆放整齐。木砖、预埋件等零星物件要用盛器堆放稳妥，叠放不齐不准吊。

(6) 楼板、大梁等吊物上站人不准吊。

(7) 埋入地面的板桩、井点管等以及粘连、附着的物件不准吊。

(8) 多机作业，应保证所吊重物距离不小于3m，在同一轨道上多机作业，无安全措施不准吊。

(9) 六级以上强风区不准吊。

(10) 斜拉重物或超过机械允许荷载不准吊。

十一、气割、点焊的“十不烧”规定

(1) 焊工必须持证上岗，无特种作业人员安全操作证的人员，不准进行焊、割作业。

(2) 凡属一、二、三级动火范围的焊、割作业，未经办理动火审批手续，不准进行焊、割。

(3) 焊工不了解焊、割现场周围情况，不准进行焊、割。

(4) 焊工不了解焊件内部是否安全时，不准进行焊、割。

(5) 各种装过可燃气体，易燃液体和有毒物质的容器，未经彻底清洗，排除危险性之前，不准进行焊、割。

(6) 用可燃材料作保温层、冷却层、隔热设备的部位，或火星能飞溅到的地方，在未采取切实可靠的安全措施之前，不准焊、割。

★ 焊、割部位附近有易燃易爆物品，在未作清理或未采取有效的安全措施之前，不准焊、割

(7) 有压力或密闭的管道、容器，不准焊、割。

(8) 焊、割部位附近有易燃易爆物品，在未作清理或未采取有效的安全措施之前，不准焊、割。

(9) 附近有明火作业相抵触的工种在作业时，不准焊、割。

(10) 与外单位相连的部位，在没有弄清有无险情，或明知存在危险而未采取有效的措施之前，不准焊、割。

十二、防止机械伤害的“一禁、二必须、三定、四不准”

(1) 不懂电器和机械的人员严禁使用和摆弄机电设备。

(2) 机电设备应完好，必须有可靠有效的安全防护装置。

(3) 机电设备停电、停工休息时必须拉闸关机，按要求上锁。

(4) 机电设备应做到定人操作，定人保养、检查。

(5) 机电设备应做到定机管理，定期保养。

(6) 机电设备应做到定岗位和岗位职责。

(7) 机电设备不准带病运转。

(8) 机电设备不准超负荷运转。

(9) 机电设备不准在运转时维修保养。

(10) 机电设备运行时，操作人员不准将头、手、身伸入运转的机械行程范围内。

第六部分 水利建设工程施工项目部管理人员安全职责

一、项目经理的安全职责

(1) 对水利建设工程项目的安全施工负责。

(2) 落实安全生产责任制、安全生产规章制度和操作规程。

(3) 确保安全生产费用的有效使用。

(4) 根据水利建设工程的特点组织制定安全施工措施。

★ 项目经理

(5) 经常检查施工现场的安全生产情况（每周一次），消除安全事故隐患，发现隐患应及时解决的要采取临时控制措施，并及时上报。

(6) 认真做好安全技术交底，严格按照安全生产的要求指导工作，有权拒绝执行上级违章指挥。

(7) 发生安全事故要保护好现场，并及时、如实报告安全生产事故。

二、项目技术负责人的安全职责

(1) 对水利建设工程的安全技术管理负分管责任。

(2) 组织或参与本项目的质量安全策划，批准项目的施工组织设计，并具体组织实施。

(3) 组织开工前的总技术交底，参加检验和技术复核，组织对全项目的检查，具体协调质量、进度、安全、成本间的关系。

(4) 检查、协调质量安全保证体系在本项目部的运行情况。

★ 项目技术负责人

(5) 根据需要组织编制作业指导书或其他具体适用于确保工作质量、安全的制度，在公司总工的指导下，做好技术管理以确保工程质量、安全。

(6) 执行项目经理临时安排的工作，并对执行负责。

三、施工员安全职责

(1) 对所负责的施工项目的安全生产负直接责任，不违章指挥、制止违章冒险作业。

(2) 对所管的施工现场环境安全和一切防护设施（机、电、架、四口）等的完整、齐全、有效，是否符合安全要求负责任。

★ 施工员

(3) 有权拒绝不科学、不安全、不卫生的生产指令。

(4) 签发施工任务时，一定要有针对性的安全措施，交任务一定要交安全技术措施，并督促班组执行。

(5) 对违章作业的班组和个人，要及时提出严肃批评，并采取相应的果断防范措施。防止安全事故的发生，对坚持错误的班组和个人有权制止其工作，直至改正为止。

(6) 认真消除事故隐患，发生工伤事故，要立即上报，并保护好现场，参加调查处理。

四、安全员的安全职责

(1) 安全员负责对水利建设工程安全生产进行现场监督检查。

(2) 严格执行安全生产各项规章制度和领导提出的有关安全方面的意见，协助项目经理、施工员做好本项目的安全工作，接受公司专职安全生产管理人员的业务指导。

(3) 做好组织安全记录和处理安全隐患，加强安全教育和宣传工作。反映本项目安全生产的情况和职工要求，搞好新工人的安全教育和专业工种技术培训。

(4) 参加事故分析和安全检查，协助落实整改措施。

(5) 维修保养或指定专人管理本项目的安全工具、设施、标志等器材。

(6) 有权制止违章作业，有权抵制和越级上告违章指挥行为。

(7) 及时发现和处理事故隐患，本人或项目部不能处理的危险因素应及时上报。

(8) 对违章操作应立即制止，若不采取积极措施而发生安全事故，要负直接责任。

(9) 及时做好安全生产资料台账工作。

★ 安全员

★ 质量员

五、质量员的安全职责

(1) 认真学习和执行公司ISO9002质量体系文件及其他文件。

(2) 在公司质安科指导下，在本项目部具体执行质量、安全管理工作。

(3) 组织或参加与工程质量有关的检查、验收和评定，对单元工程进行质量等级确认。

(4) 收集、汇总、整理水利建设工程技术资料，确保正确、完整、及时。

(5) 有权验证采购产品及检查体系运行。

六、现场电工的安全职责

(1) 遵守安全操作规程，杜绝违章作业，正确使用劳保用品。

(2) 发生事故及时上报项目经理、安全员，配合有关部门处理好善后工作。

(3) 施工过程中按现场施工用电专项施工方案操作，如方案有变更，须取得有关部门同意和办理好有关手续。

(4) 每天开工前做好现场施工用电的检查工作，收工时切断电源，并关好电箱，上好锁。

★ 现场电工

七、工班长的安全职责

(1) 在项目部管理人员的领导下，对本工种的安全全面负责。

(2) 在贯彻执行上级制定的安全措施中结合本工种的工程特点，对工人做好早、中、晚的上岗教育，并做好班组活动记录。

(3) 经常检查有无安全事故隐患，坚决制止不顾人身安全、违章冒险蛮干行为。

(4) 参加项目部组织的安全检查，对本工种负责施工的工程所存在的事故隐患及时整改。

(5) 发生工伤事故要保护好现场，及时向上级报告、救护好伤员、参加事故处理。

★ 工班长

第七部分 主要工种安全操作技术基本要求

一、爆破工安全操作技术基本要求

(1) 未经专门培训或未经考试合格的人员，严禁单独从事有关爆破的工作。

(2) 从事爆破工作的单位，必须建立严格的爆破器材领发制度、清退制度、工作人员的岗位责任制、培训制以及重要爆破技术措施的审批制度。

★ 谨慎小心，轻搬轻放

(3) 爆破器材必须储存于专用仓库内，不得任意存放。严禁将爆破器材分发给承包户或个人保存。

(4) 从事爆破器材的装卸运输人员，都必须经过有关爆破材料性能的基础教育和熟悉其安全技术知识。

★ 工作人员的岗位责任制

(5) 搬运装卸作业宜在白天进行，炎热的季节可在清晨或傍晚，严禁夜间装卸雷管。如必须在夜间装卸爆破器材时，装卸场所应有充足的照明，允许使用的照明应是防爆电灯或防爆安全灯，禁止使用油灯、电石灯、汽灯、火把等明火照明。

(6) 搬运时应谨慎小心，轻搬轻放，禁止冲击、撞碰、拉拖、翻滚和投掷。装有爆破材料的容器，堆放时不准在上面踩踏。

(7) 人力装卸和搬运爆破器材，每人一次以约重25～30kg为限，搬运者相距不得少于3m。

★ 人力装卸和搬运爆破器材，每人一次以约重25～30kg为限，搬运者相距不得少于3m

(8) 运输炸药雷管时，装车高度要低于车厢10cm，车厢底部应铺软垫，雷管箱不许倒放或立放，层间也必须垫软垫，同一车上不得装运两类不同性质的爆破器材，雷管与炸药不允许在同一车厢或同一地点装卸。

(9) 装有爆破器材的汽车严禁在中途加油或修理。

(10) 装车后必须在车辆上加盖帆布，并用绳子绑牢，检查无误后方可开车。

(11) 用吊车装卸爆破器材时，一次起吊的重量不得超过设备能力的50%。

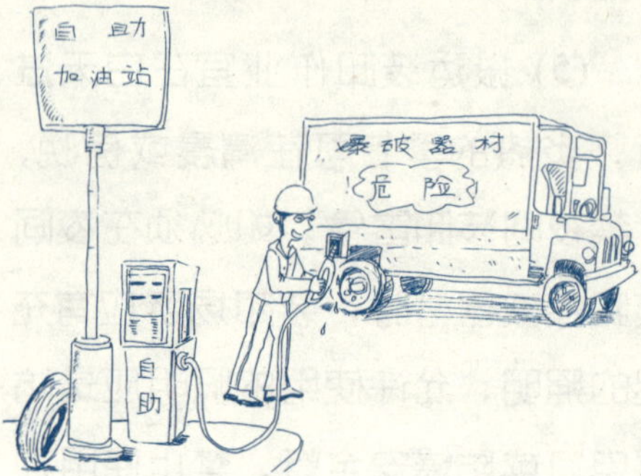

★ 装有爆破器材的汽车严禁在中途加油或修理

(12) 装卸和运输爆破器材时，严禁吸烟和携带发火物品。

(13) 为确保安全，爆破器材的堆放要平稳、牢固、整齐，堆放高度要合乎规定，留出一定的通道，以利搬运和通风、检查。

★ 检查无误后方可开车

(14) 库房贮存量应小于计算允许量。

(15) 爆破器材应按下列规定堆垛：宽度应小于5m，垛与垛之间宽度为0.7～0.8m，堆垛与墙壁应有0.2m的空隙，炸药堆垛高度为1.6m。不同品种的产品必须分别堆放，炸药与雷管不得同存于一库内。

(16) 爆破材料不宜直接堆放在地面上，最好垫上20cm高的方木和垫板，库房内禁止明火。

(17) 施工现场不许设库房贮存爆破器材，如因施工需要，必须临时少量存放时，应会同保卫、公安部门限量贮存。

(18) 爆破器材仓库应派专人负责管理，并应有保卫人员守卫。

★ 严禁吸烟

(19) 装爆破材料的开箱不得在库房内进行，严禁在存有爆破器材库房内进行房屋修缮。

(20) 管理人员必须严禁执行爆破材料的验收、发放及统计制度。

(21) 对已变质或过期失效的爆破器材，应及时清理出库，经领导批准后，进行销毁。

(22) 在同一地点，露天浅孔爆破不得与深孔、洞室大爆破同时进行。

(23) 爆破材料在使用前必须检验，凡不符合技术标准的爆破材料一律禁止使用。

(24) 爆破工作开始前，必须明确规定安全警戒线，制定统一的爆破时间和信号，并在指定地点设安全哨，执勤人员应有红色袖章、红旗和口笛。

(25) 装药前，非爆破作业人员和机械设备均应撤离至指定安全地点或采取防护措施。撤离之前不得将爆破器材运到工作面。

(26) 在无照明的夜间、中大雨、浓雾天、雷电和五级以上风（含五级）等恶劣天气，均不得进行露天爆破作业。

(27) 当井内工作人员未撤离工作面时，严禁爆破材料下井。

(28) 往井下吊运爆破材料时，应遵守下列规定：

1) 检查起吊设备及容器是否安全可靠。

2) 有无漏电现象。如有，必须及时处理。

3) 禁止雷管、炸药同时吊运。

4) 吊运绳速不得大于1m/s。

5) 装雷管的箱子必须绝缘。

6) 禁止将爆破器材存放在井口房、井底或其他巷道内。

(29) 装药时，严禁将爆破器材放在危险地点或机械设备和电源火源附近。

(30) 装药和堵塞应使用木、竹制作的炮棍，严禁使用金属棍棒装填。

(31) 爆破后炮工应检查所有装药孔是否全部起爆，如发现瞎炮，应及时按照瞎炮处理的规定妥善处理，未处理前，必须在其附近设警戒人员看守，并设明显标志。

(32) 洞挖放炮，自爆破器材进洞开始，即通知有关单位施工人员撤离，并在安全地点设警戒员，禁止非爆破工作人员进人。

(33) 地下相向开挖的两端在相距30m以内时，放炮前必须通知另一端暂停工作，退到安全地点，当相向开挖的两端相距15m时，一端应停止掘进，单头贯通。

(34) 斜井相向开挖，除遵守上述规定外，并应对距贯通尚有5m长地段自上端向下打通。

(35) 起爆前，必须将剩余爆破器材撤出现场运回药库，不得藏放于工地。

(36) 起爆药包，应根据每茬炮需要量进行加工，不得存放、积压，加工地点应在专用的加工房内进行。

(37) 制作每茬炮的起爆药包所使用的炸药、雷管、导火索、传爆线，必须是同厂家、同批号经过检查使用的产品。

(38) 点炮人员事先必须选定安全掩蔽地点。当爆破地点没有安全可靠的撤离条件时，严禁使用火花起爆。

(39) 用于潮湿有水工作面的起爆药包，必须进行严格的防水处理。

(40) 地下井挖洞内空气含沼气或二氧化碳浓度超过1%时，禁止进行爆破作业。

(41) 炮孔的装药结构、药卷直径，必须符合设计要求。

(42) 填塞物应采用土壤、细砂或其他混合物，禁止使用块状的及可燃的材料。

(43) 在条件允许时，可以水为填塞材料。除扩壶外，禁止使用炮孔不进行填塞的爆破方法。

(44) 装药和堵塞过程中，均须谨慎保护导爆索、传爆索以及连接件等，以防发生事故隐患。

(45) 严禁边打孔边装药。

(46) 深孔的装药、堵塞作业时，应有爆破技术人员在现场进行技术指导和监督。

(47) 孔深超过4m时，禁止用火花起爆。

(48) 当信号炮响后，全部人员必须立即撤出炮区，迅速到安全地点掩蔽。

(49) 禁止用火柴、香烟和打火机点燃导火索，必须使用香或专用点火工具点燃导火索。

(50) 处理瞎炮，必须遵守下列规定：

1) 发现或怀疑有瞎炮时，应立即报告，并在其附近设立标志，派人看守，并采取相应的安全措施。

2) 处理瞎炮必须派有经验的炮工进行。

3) 处理时，无关人员不准在场，危险区内禁止进行其他工作。

4) 禁止掏出或拉出起爆药包。

5) 瞎炮处理后，应仔细检查爆堆，并将残余的爆破器材收集起来。未判明有无残药前应采取预防措施。

(51) 处理裸露的瞎炮时，允许用手小心地去掉部分封泥，安置起爆雷管重新封泥起爆。

二、挖掘机司机安全操作技术基本要求

(1) 进入现场必须遵守安全生产六大纪律。

(2) 单斗挖掘机正铲作业时，除松散土壤外，其作业面应不超过本机能规定的最大挖高度和深度。

(3) 启动前检查工作装置、行走机构、各部安全防护装置、液压传动部件及电气装置等，确认齐全完好后方可启动。

(4) 作业区内应无行人和障碍物，挖掘前先鸣声示意，并试挖数次，确认正常后，方可开始作业。

★ 挖掘前先鸣声示意

(5) 作业时，挖掘机应保持水平位置，将行走机构制动住，并将轮胎或履带楔紧。

(6) 遇较大的坚硬石块或障碍物时，须待清除后方可挖掘。不得用铲斗破碎石块、冻土或用单边齿硬啃。

(7) 作业时，必须待机身停稳后再挖土，当铲斗未离开工作面时，不得做回转行走等动作，回转制动时，应使用回转制动器，不得使用转向离合器反转制动。

(8) 装车时，铲斗要尽量放低，不得撞碰汽车任何部分。在汽车未停稳或铲斗必须越过驾驶室而司机未离开前不得装车。

(9) 作业时，铲斗升、降不得过猛，下降时不得撞碰车架或履带。

(10) 在作业或行走时，严禁靠近架空输电线路，机械与架空输电线的安全距离应符合有关规定。

(11) 操作人员离开驾驶室时，不论时间长短，必须将铲斗落地。

(12) 行走时，主动轮应在后面，臂标杆与履带平行，制动往回转机构，铲斗离地面1m左右。上下坡道不得超过本机允许最大坡度，下坡用慢速行驶，严禁在坡道上变速和空挡滑行。

(13) 作业后，应停放在坚实、平坦、安全的地带，将铲斗落地，使提升绳松紧适当，臂杆降到40°~50°位置。

三、自卸汽车司机安全操作技术基本要求

(1) 进入现场必须遵守安全生产六大纪律，必须持证驾驶与证件相符的车辆，不准任意将车辆交给他人驾驶。

(2) 自卸汽车应保持顶升液压系统完好，工作平稳，操纵灵活，不得有卡阻现象。

(3) 按规定品种，标号添加液压油，各节液压缸表面应保持清洁。

(4) 非顶升作业时，应将顶升操纵杆放在空挡位置，顶升前必须拔出车厢固定锁。

(5) 配合挖掘机作业时自卸汽车就位后应拉紧制动器，在铲斗必须越过汽车驾驶室作业时，驾驶室内不得有人停留。

(6) 卸料时，车厢上空和附近应无障碍物，向基础、坑等地

卸料时，必须和坑边保持安全距离，防止塌方翻车，严禁在斜坡侧面倾卸。

(7) 车厢顶升后进行检修，润滑等作业时，必须用支撑将车厢支撑牢固，方可进入车厢下面工作。

(8) 装运混凝土或黏性物料时，在作业结束后，应将车厢内外清洗干净，防止混凝土等黏性物料凝结在车厢内。

四、推土机司机安全操作技术基本要求

(1) 进入现场必须遵守安全生产六大纪律。

(2) 推土机司机必须经过专门训练，了解机械性能、构造、保养规程，熟悉操作方法并经考试合格，方准独立操作。

(3) 操作前必须检查各部机件有无脱落、松动和变形。检查钢丝绳的磨损和断丝情况，每节距内断丝超过规定的应予以更换，不得勉强使用。

(4) 夜间作业时，工作场地必须有足够的照明，机械的前后灯应完好无损。

(5) 机械在运转中，禁止任何人员上下机械或传递物件。

(6) 进行保养、检修或加油时，必须停熄引擎放下刀片。如需从刀片下面检查时，必须用木块把刀片垫牢。在刀片悬空时，绝对禁止探身于刀片下进行检查。

(7) 启动发动机时，应将主离合器分离、变速杆和进退操纵杆放在空挡位置。手摇启动发动机时，必须五指并拢。用拉绳启

动时，不得将绳缠在手上。

(8) 推土机在使用启动机离合器拉杆时，须当心触到排气管，以免烫伤。

(9) 发动机启动后，应试验离合器、刹车和油压操纵系统等是否灵活可靠。

★ 机械横过铁路或交通路口时，应注意火车、汽车和行人

(10) 发动机转动时，禁止用手触摸钢丝绳、滑轮和绞盘等。禁止在推土机下面进行任何工作。

(11) 机械横过铁路或交通路口时，应注意火车、汽车和行人，确认安全后方能通过，转弯时，应观察是否有人。

(12) 起步前，应先检查机械四周是否有人靠立，以及履带上是否有人或其他物件，确认没有时，方可起步。起步、刹车或转弯等操作均不应过猛。

(13) 通过桥梁时，先了解桥梁确能承受本机的重量后，才能用低速行驶通过。

(14) 推土机上下纵坡的坡度不得超过35°，横坡行驶的坡度不得超过10°。

(15) 打开热的水箱盖时，应戴手套，以免烫伤。

(16) 推土机下坡时，禁止驶进坡的边缘。向坡边推土时，刀片不得推到边缘，并在换好倒挡后，才能提升刀片倒车。禁止在推土机下面进行任何工作。当推土机下大坡时，应以低速挡行驶，严禁空挡滑行。

(17) 推土机在超过25°的坡度上横向推碴，应先设法挖填凸凹部位，创造条件，以便使机械能平稳地工作。

(18) 加油时禁止抽烟或接近明火，加油后应将油渍擦净。

(19) 推土机在陡坡上行驶时禁止拐死弯，下坡时可将刀片放下触地，倒车下行。

(20) 推土机推土时，如有大块石头，须派人用撬棍配合进行工作。

(21) 推土机在工作中发生陷车时，禁止用另一台推土机的刀片在前、后硬推。推土机发生故障时，如无可靠措施，不得在斜坡上进行修理。

(22) 数台机械在同一工作面作业时，应保持一定距离：前、后相距8m，左、右相距1.5m以上。

(23) 涉水过河前，应先探明水深和河底状况，在确认可以通过后，以低速挡行驶。

(24) 行驶或作业时，应注意观察四周有无障碍。后退时，须先视车后，确认无人和其他障碍时方可起步。

(25) 牵引其他机械设备时，钢丝绳必须牢固，连接可靠，并有专人负责指挥。起步时，必须鸣号低速慢行，待钢丝绳拉紧后，方可逐渐加大油门行驶，指挥人员和其他人员必须注意安全，以免钢丝绳拉断伤人。在坡道及长距离牵引时，应用牵引杆连接。

(26) 操作人员离机时，必须把刀片降到地面，将变速杆置于空挡位置，再接合主离合器。

(27) 运行中变速时，必须停车进行。若齿轮啮合不好，应将变速杆放回空挡，继续操作离合器，以变换齿轮位置，决不可强行啮合。

(28) 在石子和黏土面上行驶时，切勿高速急转弯。需要原地旋转和急转弯时，必须在降低发动机转速后进行。

(29) 行驶中，不使用制动器时，脚不应放在制动踏板上。

(30) 越障碍物时，必须低速行驶，至障碍物顶部，在将要向前倾倒的瞬间，将车停住，待履带前端缓慢着地后，再平稳前进。切不可采用斜行或脱开单方向转向离合器越轨行为。

(31) 在水中作业时，水深以托链轮不淹没为限度。冷却风扇不可搅溅水花。

(32) 上坡途中，当发动机突然熄灭时，须先将铲刀放置地面，踏进并锁住制动踏板，待车子停稳后，再断开主离合器，将变速杆放在空挡位置，然后启动发动机，不准溜车启动。

(33) 上坡途中，如因操作不当，而引起发动机倒转，出现空气滤清器冒烟时，须将车停稳，并锁住制动踏板，然后清洗空气滤清器内部，如滤芯变色或被烧损，须即换新。

(34) 下坡时，不论坡道长短，都不可将离合器断开，以免车速自然增高失去控制，而使离合器损坏或造成其他事故。

(35) 推土机下坡或牵引重载下坡时，由于惯性和牵引物的推压作用，方向杆的操纵与平地行走时操纵的方向相反。同时不应使用制动器。

(36) 傍山推土或单侧弃土时，可将刀片在水平面内调转25°。

(37) 在崎岖地面，必须低速行驶，刀片不可上升过高，离地面约400mm即可，以保持车身稳定。

(38) 填沟渠或驶近边坡时，应先换好倒车挡，然后提升铲刀进行倒车，禁止铲刀超出坡的边缘，以防止机车倾翻。

(39) 当推土机作业遭到过大阻力，履带产生“打滑”或发动机出现减速现象时，应立即停止铲推，切不可强行作业。

(40) 推土机停机应做到以下几点：

1) 推土机应停放在平坦、安全无任何障碍，且不影响其他车辆通行的地方。禁止停在可能塌方或受洪水威胁的危险地段。

2) 将主离合器分离，落下铲刀，踏下制动踏板，变速杆及进退杆置于空挡位置，再接合主离合器。如在坡上停车时，必须在履带下端嵌入挡块。

3) 若停车时间较长，应使发动机低速空转5min后停止。停车前，不许将发动机转速升高。

4) 在非紧急情况下，不许用减压杆停止发动机。

5) 寒冷季节应做到：将车身泥土洗净，停于干燥或较硬的地方，放净未加防冻液的冷却水，放泄燃油系统内的积水，将液压缸活塞杆表面的水滴擦净。

(41) 凡实行两班制或三班制作业的机械，应执行交接班制度。

五、手风钻工安全操作技术基本要求

(1) 进入现场必须遵守安全生产六大纪律。

(2) 操作人员必须了解凿岩机的构造和性能，并熟悉操作和保养方法，否则不可单独操作。

(3) 施工时，压缩空气的气压，必须符合凿岩机的要求。

(4) 凿岩工作必须使用捕尘器或采取湿式作业，严禁在粉尘量超出国家标准的情况下进行作业。

(5) 开钻前应检查凿岩机各部件是否松动，准备好所用的工具和足够的机油。

(6) 要选择长短钢钎，并检查是否弯曲，钎尾长度为11～12cm，中心孔要正中、无堵塞，否则不得使用。

(7) 风管与风钻连接时，必须先将管内脏物吹净，再行连接。

(8) 钻孔开孔时，风门应开小一些，把钎的人眼睛不能正视孔口，以免岩粉伤眼。

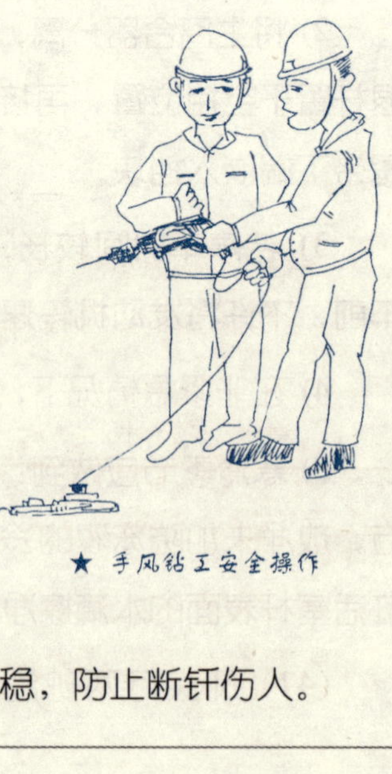

★ 手风钻工安全操作

(9) 开钻时，检查周围有无不稳固的岩石，操作人员两脚应前后侧身站稳，防止断钎伤人。

(10) 钻孔时，手不能离开钻机风门，禁止采用骑马式作业，以防断钎伤人。

(11) 钻水平孔时，严禁用胸部顶住风钻。钻孔前面不得站人。

(12) 在孔深1.2m以上，必须备有长短钎配套进行，不准采用一根长钎，一次钻够深度的钻孔方法。

(13) 严禁打旧孔，不论深浅一律不准再打。

(14) 更换钢钎时，要关闭风水阀门，防止钻机转动。

(15) 风水管经过通道时，必须挖小沟，把管放在沟中盖好，以防压坏。

(16) 在山坡上拉风管时，要注意山下的人和机械等，以免石块滚下砸伤。

(17) 钻机停止工作时，先将风水阀关闭，然后再卸风水管。

(18) 钻孔完毕，所有机具、风水胶管要放到安全地方，以免被飞石炸坏。

(19) 吹炮孔时，吹风管应用转心阀门，并注意前后左右是否有人，要打招呼后再开风阀，避免碎石伤人。严禁采用对折风管停风的方法吹孔。

(20) 当使用钻机支架时（如立式或横式移动台车等），若钎子和钻机前进方向不一致，应即可以调整。

(21) 气动支架必须支牢固，工作时不得滑动。

(22) 要随时注意顶板岩石稳定情况，如发现异常现象，应立即退出。

(23) 停钻、撤钻或向前移动气腿时，先关风门，同时要防止卡手。拔钎时要注意左右、后边的人员，以免伤人。

(24) 发现瞎炮，不准强拉导火线，不准随意处理，应及时通知炮工或值班人员处理，需要钻孔引爆时，要距瞎炮30～50cm处平行钻孔引爆。

六、喷锚支护工安全操作技术基本要求

(1) 喷混凝土前，应清洗岩帮，撬掉浮石，空帮距应符合规定。

(2) 检查机械运转是否正常，风、水、电系统是否畅通，接头是否牢固，一切正常方可开机作业。

(3) 对高度大于3m应搭设工作台，使喷顶时喷头距岩面不超过1m。工作台要牢固可靠，并按设足够的照明，灯罩要进行保护。

(4) 喷射手要做好本人的防护，喷头前严禁站人。

(5) 喷射时如发生堵塞，应尽量采用敲击法疏通，如突然停风、停电时，应立即关闭喷头水阀，并将喷头向下放置，以防水倒流输料管中。

(6) 在喷射中，应经常检查输料管、出料湾头有无磨薄击穿现象，发现问题应及时处理，当发生机械故障进行处理时，必须切断电源，电源、风源、送电、送风时必须事先通知有关人员，以防发生事故。

七、空压机工安全操作技术基本要求

(1) 进入施工现场必须遵守安全生产六大纪律。

(2) 空压机应安装在远离蒸汽、煤气和粉尘飞扬的地方。机房应通风良好，室温一般应低于40℃。进气管应接至室外并装有空气滤清器。

(3) 新安装或检修后的空压机，必须按规定进行试运转，确认性能可靠后，方可带负荷运行。

(4) 固定式空压机必须安装稳固，基础应符合设计要求。移动式空压机应安放在平坦有承载力的地面上，前后轮胎应用三角木对称楔紧，以免震动时移位。长期固定运行，应将机架垫高，轮胎离地，防止油类对轮胎的侵蚀。

(5) 储气罐应放置在室外通风良好、易于散热的地方，每年应作一次水压试验，其压力应达工作压力的1.5倍。气压表、安全阀每年应校验一次，做到灵敏、可靠。

(6) 应保持空压机附近的清洁和干燥，防止电动空压机的电动机受潮或吸入尘土。附近不准存放汽油、油棉纱等易燃易爆物品。机房内和储气罐附近应有足够的消防设施。

(7) 空压机送气一定要事先得到使用单位的通知或电话联系，才准开启送气阀门，开始时由小逐渐增大，不可一时全部打开。

(8) 严禁在运转过程中在储气罐、阀门、管路上进行焊接或热加工。

(9) 操作人员应严守岗位，不得擅自决定由非本机人员代替工作，严禁酒后操作和做其他与运转无关的事情。

(10) 操作高压开关柜，必须站在绝缘胶皮垫上，并戴上绝缘手套。

(11) 禁止使用汽油或煤油清洗空压机的空气滤清器、气缸和其他压缩空气管路等零件，防止引起爆炸，更不允许用燃烧方法清除管道油污。

(12) 用压缩空气吹洗零件时，严禁将管口对着人体或其他设备。

(13) 内燃机冷却水温过高，要打开水箱盖时，应戴手套或用厚布衬垫，人的面部必须躲开水箱口；以防蒸汽冲击烫伤。

(14) 牵引移动式空压机前，应仔细检查转向、行走部分的紧固和完好情况，牵引速度一般不超过20km/h时，转弯半径不得小于10m。

(15) 加油时不准吸烟，电器设备的外壳应接地。

八、装载机司机安全操作技术基本要求

(1) 进入现场必须遵守安全生产六大纪律。

(2) 司机必须经过专门技术培训，了解机械性能、构造和保养规程，熟悉操作方法和交通规则，并经考试合格，持有驾驶执照，方可单独操作。学员只有在司机的指导下，方可操作。

(3) 严禁酒后和精神失常的司机操作。

(4) 操作时，女同志须把头发扎在帽子里。

(5) 装载机装有报警蜂鸣装置。在行驶或作业中蜂鸣器“鸣叫”时，必须立即停车检查，排除故障（发动机刚启动时的“鸣叫”为正常情况）。

(6) 装载机不能在倾斜度较大的场地上作业，作业区内不准有障碍物及无关人员，挖掘时掌子面不得留伞沿，不得挖顽石，不得利用铲斗吊重物或举人，推料时不得转向。

(7) 发动机未停止运转前，司机不得离开驾驶室。

(8) 检查燃油时，不准吸烟，不准用明火照明。

★ 严禁酒后驾车

(9) 夜间或在洞内作业时，机上灯光应齐全完好，作业场地必须有足够的照明。

(10) 检查保养时，应把机车停放在平坦地面上。检修人员进入车底前，必须用保险装置预先将操纵杆锁住。

(11) 启动发动机前的准备工作。

1) 检查发动机机油油位。

2) 检查液压油和燃油箱的油位。

3) 检查冷却水箱的水位。

4) 检查风扇皮带的张紧度。

5) 检查空气滤清器指示器。

6) 检查各润滑部位并加添润滑油。

7) 将变速杆拨入空挡，将各操纵杆置于停车位置。

(12) 发动机每次启动时间：KLD—70型不得超过10s；KLD—85Z型不得超过30s。一次启动未成功，须等1～2min后方可再次启动。若三次启动不成功，应检查原因，排除故障后方可再次启动（其他机型的启动，按其说明书执行）。

(13) 冬季启动发动机时，应先将启动钥匙按反时针方向转到预热位置，待发热信号赤热约15～20s后，再把启动钥匙按顺时针方向转到启动位置进行启动。预热时间最长不超过40s。

(14) 发动机启动后注意事项：

1) 怠速运转5min以上进行暖机，使水温达到运行温度后，方可进行运行操作。

2) 检查各仪表指针数值，应在绿色区的正常范围内。

3) 观察充电指示灯，灯亮表示不充电。

4) 应无异常的振动、噪声、气味。

5) 机油、燃油、液压油和冷却水应无渗漏现象。

6) 发动机运转正常后，蜂鸣器“鸣叫”应自行消失。

(15) 装载机行驶时应将铲斗提升离地面500m左右。行驶中不得无故升降或翻转铲斗。

(16) 装载时应低速进行，不准将铲斗高速猛冲插入料堆的方式装料。铲挖时铲斗切入不宜过深，一般控制在150～200mm。

★防冻液的配制，应比当地最低气温再降低10℃

(17) 在斜坡路上停车，不准踩离合器，而必须使用制动踏板，以防切断动力发生溜车事故。

(18) 停机时，机车应停放在平坦坚实的地面上，不妨碍其他车辆通行的地方，并将铲斗落地。

(19) 停机前，发动机应怠速运转5min，待其温度降低后，使用停机手柄熄火。应防止突然停车熄火。然后，将启动开关转到零位，断开电源，并将各操纵杆置于空挡位置。

(20) 寒冷季节应全部放净未加防冻液的冷却水。在更换加有防冻液的冷却水时，应先清洗冷却系统。防冻液的配制，应比当地最低气温再降低10℃。

九、支撑工安全操作技术基本要求

(1) 进入现场必须遵守安全生产六大纪律。

(2) 支撑作业必须按设计规定及施工说明书进行。在施工过程中，如发现地质条件与设计资料不符时，应征得设计单位同意，改变支撑的形式、间距及材料。

(3) 采用木支撑时，除了山岩压力特别大的地段，或岩层可能坍陷处外，应做专门研究，慎重处理，一般均应满足设计规范要求。支撑构件，应尽量在地面加工厂制成成品，只有不能确定长度的构件才可在洞内临时施工。

(4) 支撑安装时，应构成整体并注意下列事项：

1) 必须按规定的顺序进行。

2) 各构件应相互挤紧，接头与岩壁间应用楔子挤紧，用扒钉钉牢，顶部应加背板，背板的空隙应填实，松软岩层中的两壁也应设背板。

★ 支撑作业必须按设计规定及施工说明书进行

3) 背板的材料一般使用厚5cm以上的木板，或直径10cm以上的板皮、半圆木等。

4) 支柱应放在坚硬平坦的岩石面上，如岩层松软，应切实嵌入预先挖好柱窝中，柱窝的深度不小于5～10cm。

5) 横梁与主柱须在同一平面上，该平面应尽量与隧洞中心垂直，放可偏差不得超过5cm，支撑中心线与隧洞中心线偏差也不得超过5cm。

6) 各排支撑之间（纵向）应设撑杆或拉杆互相连接，以发挥整体作用。

(5) 支撑应定期检查，至少每旬一次，检查结果应正确填写在专门记录本上，对于检查出来的问题，必须及时解决。

(6) 在断层、裂缝（包括纵横交错的裂缝）、顶侧滴水、岩脉等地段及支洞与正洞相交处，支撑应特别予以加固。

(7) 更换支撑时应遵守以下各项规定：

1) 发现横梁及立柱弯曲、歪斜、腐朽或断裂，应立即修理或更换。修理时必须由安全出口处向内逐步进行；禁止与此相反方向进行。

2) 更换支柱前，横梁必须以临时支柱支撑，临时支柱应有与主柱相等的强度，其位置应不妨碍安装新立柱的空间为原则。

3) 更换支撑作业过程中，应有防止岩石坠落的措施。

4) 同时更换相邻支撑的数量，不得超过两架以上。在临时支撑未吃力前，不得撤除旧支撑。

(8) 支撑撤除应遵守下列规定：

1) 撤除前，应由施工队的技术负责人会同地质人员、设计人员进行全面检查，并提出具体撤除意见。

2) 根据要撤除地段的地质和支撑结构的具体情况，制定撤除作业操作细则及安全措施，方可进行撤除。要考虑拆除顺序，禁止用绳索一次拉下。

3) 在松软不稳定的岩层中，开挖所用的木撑不能拆除时，征得设计单位的同意，可将木支撑放置在衬砌面以外。

4) 在平行作业中，支撑的撤除应随衬砌工作进行，但支撑撤除后，顶拱岩石暴露的时间不得过长。

(9) 导坑掘进临时支撑的形式，应根据导坑的形状决定。横梁同支柱的交角与导坑顶壁同边墙的交角应大致相等。

(10) 导坑支撑的接头处，应根据岩石压力的性质做榫口结合，榫口平面应与作用力方向垂直。

(11) 导坑木撑架立后，应先将支撑上角同导坑的顶部及两侧岩石之间，用楔打紧，使支撑吃力，然后用填料塞实。

(12) 采用钢支撑时，其结点处除用螺栓固定其位置外，并需加以电焊，其纵向各排应拉牢，一般可用角铁纵向焊于各排钢支撑上。

(13) 钢支撑的基座应放在坚硬的岩石面上，如基础过软时，应挖深柱坑再浇混凝土基座。

(14) 在边开挖边支撑的过程中，为了防止钢支撑顶部支架发生位移或下陷，最好在上、下层开挖交界面处，采用纵向台梁。

(15) 钢支撑的各杆件应在洞外预先制作好，在安装前应进行试拼装，并在各杆件上编号。

(16) 永久支撑架须用预制混凝土作为背板填料，背板面与岩石间的空隙，可用坚实不会被水侵蚀的块石填充。

(17) 采用锚杆支护，应遵守下列规定：

1) 孔径与深度应符合设计要求，钻孔的方向应尽量垂直岩面或岩石裂缝。

2) 钻孔过程中和安装锚杆时，必须随时注意岩石变化情况，发现松动浮石应及时处理。

3) 锚杆安装前，先将孔中岩粉吹净，并检查孔深和锚栓的尺寸是否相符，锚栓上的丝扣涂上机油防锈，便于旋转。

4) 安装时，垫板和岩石接触面积应在1/2以上，接触不到之处应用铁板塞紧。楔子要最大限度地插入楔缝中。

5) 锚栓安装后，2～3天内须用压力扳手进行锚杆承载力检查，旋紧丝扣后定期检查。

十、装岩机工安全操作技术基本要求

(1) 进入现场必须遵守安全生产六大纪律。

(2) 装岩机工必须了解机械性能、构造、保养方法。操作熟练，才能独立操作，其他人员不准乱动。

(3) 开车前，应检查轨道上是否有障碍物，机器各部件是否正常，各部润滑是否良好，动力、风管的长度及安置是否适宜，连接是否牢固。

(4) 装岩机工工作时，必须站在踏板上，两手握住把手进行操作。精神集中，注意前后、左右的作业人员。当铲斗装满时，应停止机器前进，再提升铲斗倒渣。

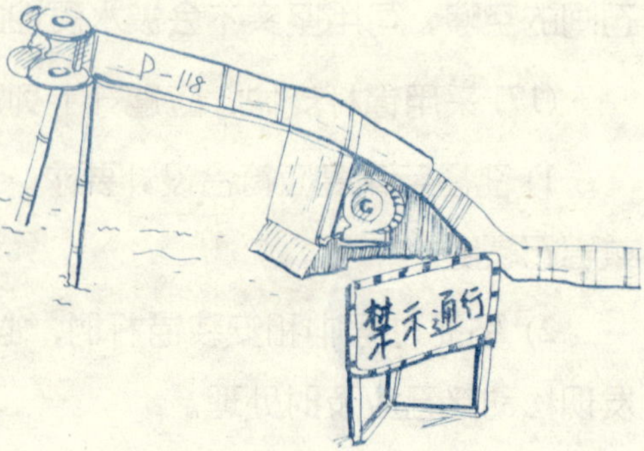

★ 装岩机运转中，周围不准通行

(5) 装渣时，铲斗不应插入渣堆太深或装直径超过60cm的石块，以免损坏机械及翻车。

(6) 装岩机运转中，周围不准通行和扒渣。

(7) 装岩机检修、加油应停机，关闭进风主阀门。

(8) 渣堆有塌方可能时，应将机器退出工作面，处理后再继续工作。

(9) 装渣完毕或人离机器前，必须将装岩机退到安全地点，将铲斗放下，关上制动器，关闭进风主阀门，切断风路。

(10) 使用电动装岩机装渣应做到：

1) 卸渣完毕铲斗回落时，微按开斗电钮，在最短时间内停止后再行下落。

2) 铲斗扬起超过主置位置时，即可放升斗电钮，以免冲力过大损坏弹簧及链子。

3) 电动机温升达30℃时应停机，并清扫上面的岩粉。

4) 装岩机在快速行进时，不得立即返回，以免损坏机械。

5) 电源、电动机发生故障时，必须立即切断电源，停机检查处理。

6) 停机时，应同时切断电源。

(11) 在同一工作面，有两台以上装岩机装渣时，应保持一定的安全距离，否则不得平行作业。

(12) 在装渣过程中，满斗仰高时要注意掉石伤人。

(13) 操作应力求平稳，根据机械转动速度，操作把手不能过快、过猛。

(14) 操作中，应经常检查钢丝绳、接头及断丝情况，发现问题及时处理。

★ 两人以上同时撬挖应保持一定的安全距离

(15) 装岩机进行检修时，如需扬起铲斗，须用销子将铲斗销住。

十一、撬挖工安全操作技术基本要求

(1) 进入现场必须遵守安全生产六大纪律。

(2) 爆破后查炮完毕，方准进入工作面进行撬挖，撬挖时应有足够的照明。

(3) 爆破后，对破碎、松散的岩石或孤石，必须撬挖清除后，方可进行其他工作。遇有松动大块石，人力不能撬除时，可用少量药包进行爆破处理。

(4) 塌方后，需撬挖时，应制定专项安全技术措施。

(5) 撬挖顺序一般应先近后远、先顶部后两侧、先上后下进行，两人以上同时撬挖应保持一定的安全距离。

(6) 撬挖工作面下方，严禁做其他工作，不准站人和通行。

(7) 撬挖时，应有专人监护，时刻注意岩石动态。

(8) 撬挖时，应站在安全地点，如发现岩石破碎有坍方危险时，应停止撬挖并设明显标志，报告有关人员处理。

(9) 放炮后在棚架上进行顶部撬挖时，应仔细撬干净，并详细检查岩石情况，可能掉落的岩石必须处理好。

(10) 在高处撬挖时，应有防护措施。

(11) 撬棍撬大石时，不得将撬棍端紧抵胸腹部，在平地撬大石时，不得将撬棍放在肩上用力，以免巨石压棍伤人。

(12) 正在撬挖的工作面附近，应保持肃静，风钻、装岩机等不得开动。

(13) 蹬梯撬挖时，梯子必须牢固可靠，防止梯滑、梯断伤人。

★ 防止梯滑、梯断伤人

十二、打桩工安全操作

技术基本要求

(1) 用扒杆安装塔式桩架时，升降扒杆动作要协调，到位后应拉紧缆风，绑牢底脚；组装时应用工具找正螺孔，严禁手指伸入孔内。

(2) 场地的地耐力应符合桩机说明书的要求。

(3) 安装履带式及轨道式柴油打桩机，连接各杆件应放在支架上进行；竖立导杆时，必须锁住履带或用轨钳夹紧，并设置溜木。

(4) 导杆升到75°时，必须拉紧溜绳；待导杆竖直装好撑杆后，溜绳方可拆除。

(5) 移动塔式桩架时，禁止行人跨越车组。

(6) 一根钢丝绳头不准同时绕在两个鬏头上，若发生克索，应立即停车反转解除；绕鬏头应戴帆布手套，手距鬏头不得小于60cm。

(7) 移动桩架和停止作业时，桩锤应放在最低位置。

(8) 打混凝土预制桩，吊装前应将桩锤提升一定位置固定牢靠，防止吊桩时桩锤坠落。

(9) 插桩时，手脚严禁伸入桩与龙门之间；用撬棍或板舢等工具校正桩时，用力不宜过猛。

(10) 打桩时应采取与桩型、桩架和桩锤相适应的桩帽及衬垫，发现损坏应及时修整或更换。

(11) 锤击不宜偏心，开始时落距要小。如遇贯入度突然倾斜、位移、桩头严重损坏、桩身断裂、桩锤严重回弹等情况时，应停止锤击，经采取措施后方可继续作业。

(12) 熬制胶泥时要佩戴好防护用品，工作棚应通风良好，注意防火；容器不准用焊锡，防止熔穿漏泄；胶泥浇注后，上节桩应缓慢放下，防止胶泥飞溅。

(13) 送桩拔出后，地面孔洞必须及时回填或加盖。

(14) 施工灌注桩时，桩管沉入到设计深度后，应将桩帽及桩锤升高到4m以上锁住，方可检查桩管或浇注混凝土。

(15) 耳环及底盘上骑马弹簧螺丝，应用钢丝绳绑牢，防止折断时落下伤人；耳环落下时必须用控制绳，禁止让其自由落下。

(16) 钻孔灌注桩浇注混凝土前，孔口应加盖板，附近不准堆放重物。

十三、砌石工安全操作技术基本要求

(1) 进入现场必须遵守安全生产六大纪律。

(2) 砌筑前，应对基础进行检查，发现裂缝或不均匀沉陷，须处理后再砌筑。

(3) 砌筑底层石块应大面向下，其余各层应利用自然形状互相啮合，上下层要互相错缝，内外要搭接，以策安全。

(4) 用料石砌筑门、窗过梁等石拱时，必须先行支模，并认真检查拱模各部支撑是否牢固，然后由拱脚两端向中间对称砌筑，以防拱模压塌伤人。

(5) 用锤打石前，应检查铁锤有无破裂，锤柄是否安装牢固，应看清附近情况有无危险，以免伤人。

(6) 在墙顶或支架上不得修凿石料，以免震动墙体或片石掉下伤人。

(7) 上墙的料石不得徒手移动，以防压破或擦伤手指。

(8) 墙体高度超过胸部后，不得勉强进行砌筑。

(9) 石块不得往下抛掷，上下运石时，脚手板要钉绑牢固，并钉防滑条及扶手栏杆。

(10) 搬运石料应拿牢放稳，绳索工具要牢固，两人抬运石料时，应互相配合，动作一致，用车子或筐运送，石料不要装得太满，防止滚落伤人。

★ 在墙顶或支架上不得修凿石料，以免震动墙体或片石掉下伤人

(11) 往坑槽内运石料时，应使用溜槽或吊运，下方人员应躲到安全地点。

(12) 在脚手架上砌石时，不得使用大锤，修整石块时，应戴防护眼镜，不准两人面对面操作。

(13) 在槽内砌筑基础时，应检查两侧土质稳定情况，如有裂缝、坍塌可能时，必须采取加固措施，方可进行砌筑。

(14) 砌搬毛石应戴手套，搬时应稳拿稳放，待石块就位平稳后，方可松手。

(15) 在2m以上高度砌石时，应遵守高处作业安全规定。

(16) 工作完毕应将脚手架下的石碴碎片清理干净。

十四、木工安全操作技术基本要求

(1) 模板支撑按专项施工方案搭设。不得使用腐朽、锈蚀、扭裂、劈裂、弯曲变形的材料，禁止使用毛竹。顶撑要垂直，底端要平整、坚实，并加垫木；支撑杆件应用横顺拉杆和剪刀撑拉牢。

(2) 支模应按工序进行，模板没有固定前，不得进行下道工序；禁止利用拉杆、支撑攀登上下。

(3) 支设独立梁模应设临时操作台，不得站在柱模上操作和在梁底模上行走。

(4) 支设4m以上的立柱模板，四周必须顶牢，操作时要搭设工作台。

(5) 采用桁架支模应严格检查，发现严重变形、螺栓松动等应及时修复。

(6) 拆除模板应履行申请审批手续，同意后方可操作。操作时应按顺序分段进行，严禁猛撬、硬砸或大面积撬落、拉倒；不得留下松动和悬挂的模板；拆下的模板和杆件应及时运到指定点集中有序地堆放，防止钉子扎脚。

(7) 拆除薄腹梁、吊车梁、桁架等预制构件模板，应随拆随加顶撑支牢，防止构件倾倒。

(8) 在坡屋面上操作，应有防滑梯、护身栏杆等防护措施。禁止在石棉瓦上行走。

(9) 安装二层楼以上外墙窗扇，如外面无脚手架或安全网，应挂好安全带。

(10) 不准直接在板条天棚或隔音板上通行及堆放材料；必须通行时，应在大楞上铺设脚手板。

(11) 木工机械均不得使用倒顺开关控制。

(12) 操作平刨机有以下基本要求：

1) 平刨机必须有安全防护装置。刨料时应保持身体稳定，双手操作，禁止手在料后推送。刨削量每次一般不得超过1.5mm，进料速度要保持均匀，经过刨口时用力要轻，禁止在刨刀上面回料。

2) 刨厚度大于1.5cm、长度小于30cm的木料，必须用压板或推棍，禁止用手推进。

3) 过节疤时，戗槎要减慢推料速度，禁止用手按节疤上推料；刨旧料时，必须将铁钉、泥沙等清除干净；换刀片时，应拉闸断电。

(13) 操作压刨机有以下基本要求：

1) 压刨机送料和接料不准戴手套，并应站在机床的一侧。

2) 进料必须平直，发现材料走横或卡位，应停机降低台面调正，遇硬节时要减慢送料速度，送料手指必须离开滚筒20cm外，接料必须待料走出台面。

3) 刨短料长度不得短于前后压滚距离，厚度小于1cm的木料，必须垫托板。

(14) 操作圆盘锯应符合以下基本要求：

1) 圆盘锯操作前应进行检查，锯片不得有裂口，螺丝应上紧。

2) 操作要戴防护眼镜，站在锯片一侧，禁止站在与锯片同一直线上，手臂不得跨越锯片。

3) 短窄料应用推棍，接料使用刨钩；超过锯片半径的木料，禁止上锯。

4) 进料必须紧贴靠山，不得用力过猛，遇硬节时要慢推，接料要待料出锯片15cm，不得用手硬拉。

(15) 注意防火安全，木料加工房内刨花、木屑和废料应及时清理。

★ 木料加工房内刨花、木屑和废料应及时清理

十五、钢筋工安全操作技术基本要求

(1) 钢材、半成品等应按规格、品种分别堆放整齐，制作场地要平整，工作台要稳固，照明灯具必须加网罩。

(2) 在距离外电线路较近处进行钢筋作业时，必须注意安全，严禁钢筋碰及外电线路。

(3) 现场绑扎钢筋或安装钢筋骨架，必须有平稳、牢固、安

★ 钢筋工安全操作

全的操作台，在高空、深坑钢筋作业时，要搭设脚手架做操作台。绑扎高层建筑圈梁、挑梁、外墙、边柱钢筋，应搭设外架并张挂安全网防护。绑扎时系好安全带。

(4) 绑扎立柱、墙体钢筋，不得站在钢筋骨架上攀登骨架上下；柱筋高度在4m以上的，应搭设工作台。柱梁骨架，应采取临时支撑拉牢，以防倾倒。

(5) 起吊钢筋骨架，下方禁止站人，必须待骨架降落到离地1m以内始准靠近，就位支撑好方可摘钩。

(6) 拉直钢筋时，卡头要卡牢，地锚要结实牢固，拉筋沿线2m区域内禁止行人。

(7) 展开盘圆钢筋时要一头卡牢，防止回弹，切断时先用脚踩紧。

(8) 多人合运钢筋的，起、落、转、停动作要一致，人工上下传送不得在同一垂直线上。钢筋堆放要分散、稳当，防止倾倒和塌落。

(9) 使用切断机时，机械运转正常后，方准断料。断料时，手与刀口距离不得小于15cm，活动刀片前进时禁止送料。

(10) 切长钢筋时应有专人扶住，操作时动作要一致，不得任意拖位。切短钢筋时必须用套管或钳子夹料，不得用手直接送料。

(11) 切断机旁应设放料台，机械运转中严禁用手直接清除刀口附近的短头和杂物。在钢筋摆动范围和刀口附近，非操作人员不得停留。

(12) 操作除锈机时，应戴口罩和手套。带钩的钢筋严禁上机除锈；除锈应在钢筋基本调直后进行。操作时要放平握紧，站在钢丝刷侧面。

(13) 在调直机上不准放物件，以防机械震动落人机体；钢筋装人压滚，手与滚筒应保持一定距离。机械运转中不得调整滚筒；严禁戴手套操作；钢筋调直到末端时，人员必须躲开，以防甩动伤人；短于2m或直径大于9mm的钢筋调直，应低速加工。

(14) 使用弯曲机时，钢筋要贴紧挡板，注意放人插头的位置和回转方向，不得开错；弯曲长钢筋时，应有专人扶住，并站在钢筋弯曲方向的外面，互相配合，不得拖拉；调头弯曲时，要防止碰撞人和物。更换插头、加油及清理，必须停机后进行。

(15) 冷拔钢筋时，先用压头机将钢筋头部压小，操作者站在滚筒一侧操作，与工作台应保持50cm的距离。禁止用手直接接触钢筋和滚筒。

(16) 钢筋的末端将通过冷拔模子时，应立即踩脚闸分开离合器，同时用工具压住钢筋端头防止回弹。

十六、混凝土工安全操作技术基本要求

(1) 车子向料斗倒料，应有挡车措施，不得用力过猛和撒把。

(2) 井架等物料提升机运输混凝土，小车把不得伸出笼外，车轮前后要挡牢，稳起稳落。用塔吊运送混凝土，起料、卸料必须听从指挥，待料斗下落平稳后再缓慢靠近卸料。料斗下方严禁站人，防止料斗伤人。

(3) 浇灌混凝土使用的溜槽及串筒节间必须连接牢固；操作部位应有护身栏杆，不准直接站在溜槽帮上操作。

(4) 输送泵输送混凝土，管道接头、安全阀必须完好，管道的架子必须牢固，输送前必须试送，检修必须卸压。

(5) 浇灌框架和梁、柱混凝土，应设操作台，不得直接站在模板上或支撑上操作。

(6) 浇捣拱形结构，应自两边拱脚对称同时进行；浇圈梁、雨篷、阳台，应设防护措施；浇捣料仓，下口应先行封闭，并铺设临时脚手架，以防止人员下坠。

(7) 使用震动棒必须配备触电保护器，穿胶鞋，

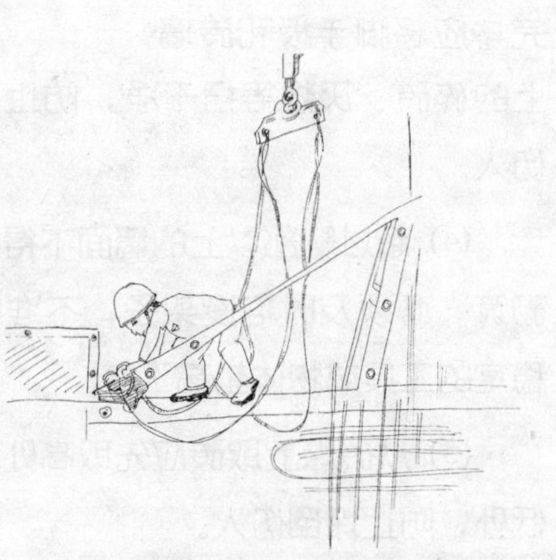

★ 混凝土工安全操作技术

湿手不得接触开关，不得使用破皮漏电的电源线。

(8) 夜间浇筑混凝土时，应有足够的照明设备。

十七、泥工安全操作技术基本要求

(1) 进入施工现场必须戴好安全帽，检查各种安全设施和防护设备是否齐全有效，合格后上岗作业。

(2) 上下脚手架应走斜道。不准站在砖墙上做砌筑、画线（勒缝）、检查大角垂直度和清扫墙面等工作。

★ 泥工安全操作

(3) 砌砖使用的工具应放在稳妥的地方。斩砖应面向墙内，工作完毕应将脚手板和砖墙上的碎砖、灰浆等扫干净，防止掉落伤人。

(4) 超过胸部以上的墙面不得继续砌筑，必须及时搭设架子；不准用不稳定的工具或物体垫高工作。

★ 不准用不稳定的工具或物体垫高工作

(5) 从砖垛上取砖应先取高处后取低处，防止垛倒伤人。

(6) 挂瓦必须使用移动板梯，板梯

必须有牢固的挂钩；没有外架子时，檐口应有防护栏杆和防护立网。

(7) 屋面上瓦应两坡同时进行，保持屋面受力均衡，瓦要放稳。屋面应铺设通道，不准在桁条、瓦条上行走。

十八、抹灰工安全操作技术基本要求

(1) 室内抹灰使用的木凳、金属支架应搭设平稳牢固，脚手板跨度不得超过2m。架上堆放材料不得过于集中，在同一跨度内不应超过两人。

(2) 不准在门窗、暖气片、洗脸池等物上搭设脚手板。阳台部位粉刷，外侧必须挂设安全网。严禁踩踏脚手架的护身栏杆和在阳台栏板上进行操作。

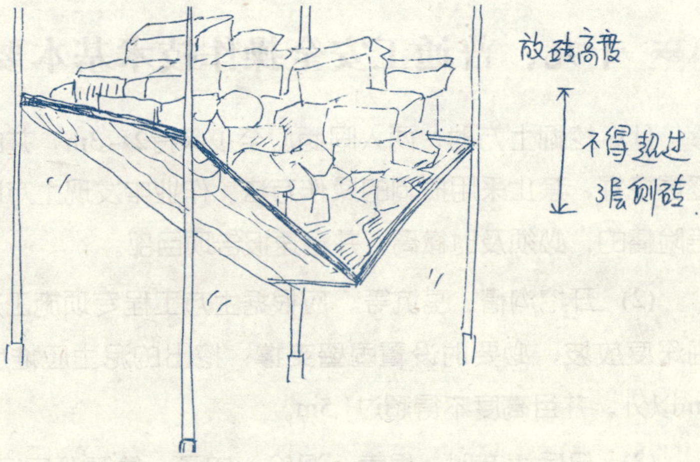

★脚手架上放砖的高度不准超过3层侧砖

(3) 机械喷灰喷涂应戴防护用品，压力表、安全阀应灵敏可靠，输浆管各部接口应拧紧卡牢。管路摆放顺直，避免折弯。

(4) 输浆应严格按照规定压力进行，超压和管道堵塞时，应卸压检修。

★挖掘土方时，两人间距应至少保持2～3m，并由上而下逐层挖掘

(5) 贴面使用预制件、大理石、瓷砖等，应堆放整齐平稳，边用边运。安装要稳拿轻放，待灌浆凝固稳定后，方可拆除临时支撑。

(6) 使用磨石机，应戴绝缘手套和穿胶靴，电源线不得破皮漏电，金刚砂块安装必须牢固，经试运转正常，方可操作。

十九、普通工安全操作技术基本要求

(1) 挖掘土方时，两人间距应至少保持2～3m，并由上而下逐层挖掘，禁止采用掏洞的操作方法。作业中发现土方坍塌预兆等险情的，必须及时撤离，并迅速报告项目部。

(2) 开挖沟槽、基坑等，应根据土方工程专项施工方案和挖掘深度放坡，必要时设置固壁支撑；挖出的泥土应堆放在沟边1m以外，并且高度不得超过1.5m。

(3) 吊运土方时，绳索、滑轮、钩子、箩筐等应完好牢固，起吊时垂直下方不得有人。

(4) 拆除固壁支撑应自下而上进行，填好一层再拆一层，不得一次拆到顶。

(5) 使用蛙式打夯机，电源电缆必须完好无损，必须配备触电保护器；操作时应戴绝缘手套，严禁夯打电源线。

(6) 用手推车装运物料时，应注意平稳，掌握重心，不得猛跑和撒把溜放。前后车距在平地不得少于2m，下坡不得少于10m。

(7) 从砖垛上取砖应由上而下阶梯式拿取，禁止一码拆到底或在下面掏取。

(8) 脚手架上放砖的高度不准超过3层侧砖。

二十、油漆玻璃工安全操作技术基本要求

(1) 各类油漆和其他易燃、有毒材料，应存放在专用库房内，不得与其他材料混放；挥发性油料应装入密闭容器内。

(2) 存放油漆、调配油料的库房通风应良好，不准住人，并应配置消防器材和挂设“严禁烟火”明显标志，且与其他建筑物保持一定的安全距离。

(3) 用喷砂除锈，喷嘴接头要

★截割玻璃应在指定场所进行

牢固，不准对人；喷嘴堵塞时，应停机，消除压力后，方可进行修理或更换。

(4) 使用煤油、汽油、松香水、丙酮等调配油料，要佩戴好防护用品，严禁吸烟；沾染油漆的棉纱、破布、油纸等废物，应收集存放在有盖的金属容器内，及时处理。

(5) 在室内或容器内喷涂，要保持良好的通风，喷漆作业周围不准有火种。

(6) 采用静电喷漆时，为避免静电聚集，喷漆室（棚）应有接地保护装置。

(7) 刷外开窗扇时，必须将安全带挂在牢固的地方；刷封檐板、落水管等应搭设脚手架或吊架；在大于25°的铁皮屋面上刷油漆，应设置活动板梯、防护栏杆和安全网。

(8) 使用喷灯时，加油不得过满，打气不应过足，使用的时间不宜过长，点火时火嘴不准对人。

(9) 使用喷浆机，手上沾有浆水时，不准开关电闸，以防触电；遇喷嘴堵塞，疏通时不准对人。

(10) 刷涂作业过程中，如感头痛、恶心、心闷或心悸时，应立即停止作业，到户外呼吸新鲜空气。

(11) 截割玻璃应在指定场所进行，截下的边角余料集中堆放，及时处理，搬运玻璃应戴手套或用布、纸垫住，将玻璃与手及身体裸露部分隔开。

(12) 在高处安装玻璃时，应将玻璃放置平稳，垂直下方禁止通行；安装屋顶采光玻璃时，应铺设脚手板或其他安全措施。

(13) 使用的工具应放入袋内，不准口含铁钉，玻璃安装完应随即将风钩挂好。

(14) 独立悬空作业时必须系好安全带，不准一手腋下挟住玻璃，一手扶梯攀登上下。

二十一、沥青工安全操作技术基本要求

(1) 进入现场必须遵守安全生产六大纪律。

(2) 熬沥青的锅应设在离开建筑物和易燃物20m以外的避风处，并在附近备有足够的沙子、铁锹、灭火器等消防设备。沥青锅应有防雨棚。

(3) 盛装沥青时，锅、桶内盛量不得超过容量的2/3。

(4) 熬沥青的工人，中途应适当休息，呼吸新鲜空气，以防中毒。

(5) 使用铁桶熬沥青时，桶上部应开排气孔，桶口前设挡板防止溶热沥青穿出烧伤人，熬时温度不宜过高，并随时检查排气孔是否畅通。

★ 适当休息，呼吸新鲜空气

(6) 运输溶热的沥青，应当使用桶装，然后用盖盖紧，装量不超过桶高的3/4。人工抬运沥青，道

路应畅通无阻，防止摔倒，行走步调一致，放置平稳。

(7) 熬炒沥青时，火不能过急、过大，火苗不能外扬，要派专人看守，不准擅自离开工作岗位。下班或工作结束后，必须将火彻底熄灭才能离开。

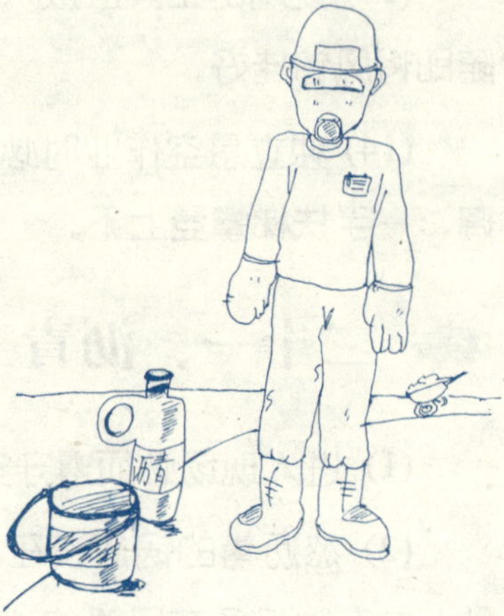

★ 应穿戴工作服、口罩、手套、胶靴等

(8) 煮、蘸沥青方木或板条时，严禁将方木或板条乱往沥青里扔。操作员精神要集中，相互协调。

(9) 使用汽油喷灯涂刷沥青时，要严禁将油洒在易燃物上，并特别注意防火。

(10) 人工涂刷沥青（堵沥青缝，刷沥青伸缩缝）应备有冷水管，并戴上手套和口罩。

★ 人工涂刷沥青应备有冷水管，并戴上手套和口罩

(11) 熬沥青预制块所用的掺和物，应按设计要求，事先烘干，然后熬制。

(12) 在井内灌沥青前，应将井内铁器、木块等杂物清除干净后再灌，每次灌高不超过200cm，待第一层冷却后再灌第二层，以此类推。

(13) 凡患皮肤病、结核病及对沥青有过敏的人，不得从事沥青工作。

(14) 参加沥青工作人员，应穿戴工作服、口罩、手套、胶靴等。必要时，应戴防毒面罩。熬制沥青人员，不准加班加点。

★ 刷外开窗时应搭设脚手架

(15) 不准用薄铁皮或劣质铁锅熬沥青。熬沥青场所，至少有一支温度计，严格控制沥青的温度。

(16) 在向熔化的沥青内掺对（汽油、苯）等易燃液体时，要离开锅灶和其他火源至少10m的距离。

(17) 运输沥青应由生产单位根据具体情况，分别采用灌车、铁桶、条筐或竹筐内衬纸、双层草袋包装，或采用其他经试验有效的包装方法。

(18) 沥青的各种包装必须完整牢固，不使粉末散漏。包装外面应标明“煤焦沥青”或“石油沥青”。

(19) 装卸、搬运沥青或含有沥青的制品，应尽量使用工具（如货车、手推车）或机械，装卸、搬运的全部过程中，如有散漏粉末的情况，必须洒水湿润。

(20) 凡装卸过沥青及含有沥青制品的车辆（专用车辆除外）、

船舱，均应施以彻底的清扫与刷洗。

二十二、电工安全操作技术基本要求

(1) 电工作业人员必须经过有关部门安全技术培训，取得特种作业证后，方可独立上岗操作。

现场用电作业必须由电工完成，严禁他人私拉乱接等作业。

(2) 所有绝缘、检验工具，应妥善保管，严禁他用，并应定期检查、检验。

(3) 现场施工用电高低压设备及线路，应按照施工组织设计及有关电气安全技术规程安装和架设。线路上禁止带负荷接电或断电，并禁止带电操作。

(4) 电气设备和线路必须绝缘良好，电线不得与金属物绑在一起；各种施工用电设备必须按规定进行保护接零及装设漏保器。遇有临时停电或停工休息时，必须拉闸加锁。

(5) 有人触电时，应立即断电源，进行急救；电气着火时，应立即将有关电源切断，使用绝缘灭火机或干砂灭火。

(6) 在施工现场专用的中性点直接接地的电力系统中，必须采用TN—S接零保护系统。

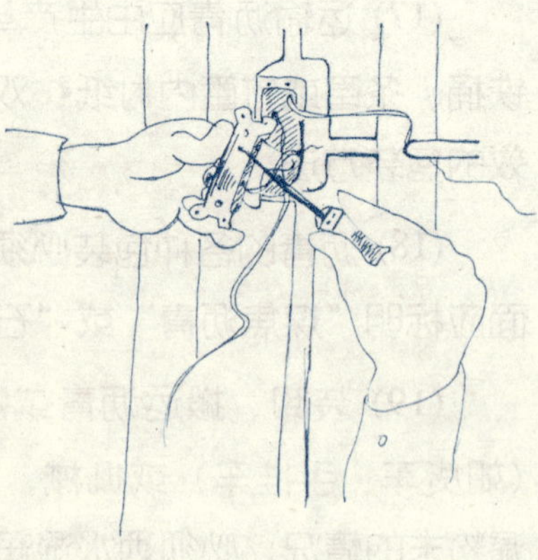

★ 电工安全操作

(7) 施工现场每一处重复接地的接地电阻值应不大于10Ω，且不得少于3处（即总配电箱、线路的中间和末端处）。

(8) 电气设备所有保险丝（片）的额定电流应与其负荷容量相适应。禁止用其他金属丝代替保险丝。

(9) 动力线路与照明线路必须分开架设。照明开关、灯口及插座等，应正确接入相线及零线。

(10) 施工现场夜间临时照明电线及灯具，室内高度应不低于2.4m，室外高度应不低于3m。易燃、易爆场所应有防爆灯具。施工现场照明灯具的金属外壳和金属支架必须作保护接零。电线要采用三芯橡皮护套电缆，严禁使用花线和护套线。

(11) 要按规定做好钢管脚手架、物料提升机、塔吊等的防雷接地保护。接地体可用角钢，不得使用螺纹钢，接地电阻应符合规范要求。

(12) 支线架设应设置横担，并用绝缘子固定；电线严禁架设在脚手架、树木等处，不准用竹质电杆；架空线路不准成束架设。

(13) 电气设备的金属外壳，必须接保护零线，同一供电系统不允许电气设备有的接地有的保护接零。

(14) 施工现场配电箱要有防雨措施，门锁齐全，有色标，统一编号。开关箱要做到一机一闸一漏一箱，箱内无杂物；开关箱、配电箱内严禁动力、照明混用；要有检修记录及记录本。

(15) 移动电箱电源线长度不大于30m，移动用电设备引出线不大于5m。

二十三、电焊工安全操作技术基本要求

(1) 电焊工必须经过有关部门安全技术培训，取得特种作业操作证后，方可独立操作上岗；明火作业必须履行审批手续。

(2) 电焊机外壳必须接地良好，其电源的装拆应由电工进行。

(3) 电焊机开关箱拉合时应戴手套侧向操作。

(4) 电焊机二次侧必须有空载降压保护器或触电保护器。

(5) 焊钳与把线必须绝缘良好、连接牢固，更换焊条应戴手套。在潮湿地点工作，应站在绝缘胶板或木板上。

(6) 严禁在带压力的容器或管道上施焊，焊接带电的设备必须先切断电源。

(7) 焊接贮存过易燃、易爆、有毒物品的容器或管道前，必须把容器或管道清理干净，并将所有孔盖打开。

(8) 把线、地线禁止与钢丝绳接触，更不得用钢丝绳或机电设备代替零线；所有地线接头，必须连接牢固。

(9) 清除焊渣，采用电弧气割清根时，应戴防护眼镜或面罩，防止铁渣飞溅伤人。

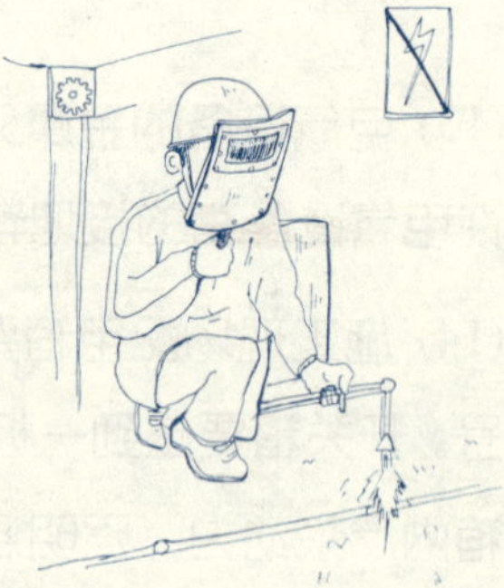

★ 电焊工安全操作

(10) 雷雨时，应停止露天焊接作业。

(11) 施焊场地周围应清除易燃、易爆物品或进行覆盖、隔离。

(12) 严禁利用厂房的金属结构、管道、轨道或其他金属搭接起来作为导线使用。

(13) 工作结束，应切断电焊机电源，并检查操作地点，确认无起火危险后，方可离开。

★ 在潮湿地点工作，应站在绝缘胶板或木板上

二十四、气焊工安全操作技术基本要求

(1) 气焊工必须经过有关部门安全技术培训，取得特种作业操作证后，方可独立上岗操作；明火作业必须履行审批手续。

(2) 施焊场地周围应清除易燃、易爆物品或进行覆盖、隔离。

(3) 氧气瓶、乙炔瓶必须按照《气瓶安全监察规程》的规定，严格进行技术检验，合格后方能使用。如果超出有效期，不得使用。应远离高温、明火和熔融金属飞溅物10m以上，氧气瓶避免直接受热。

(4) 氧气瓶、氧气表及焊割工具上，严禁沾染油脂。

(5) 氧气瓶、乙炔瓶应有防震胶圈，旋紧安全帽，避免碰撞和剧烈震动，并防止曝晒。冻结时应用热水加热，不准用火烤。氧气瓶、乙炔瓶必须按规定单独摆放，使用时确保两者间的安全距离。

(6) 点火时，焊枪口不准对人，正在燃烧的焊枪不得放在工件或地面上。

(7) 不得手持连接胶管的焊枪爬梯、登高。

(8) 严禁在带压的容器或管道上焊、割，焊接带电设备时必须先切断电源。

(9) 在贮存过易燃、易爆及有毒物品的容器或管道上焊、割时，应先把容器或管道清理干净，并将所有的孔、口打开。

(10) 铅焊时，场地应通风良好，皮肤外露部位应涂护肤油脂，工作完毕应清洗干净。

(11) 工作完毕，应将氧气瓶、乙炔瓶的气阀关好。氧气瓶应拧上安全罩。检查操作场地，确认无着火危险，方准离开。

二十五、架子工安全操作技术基本要求

(1) 架子工（建筑登高架设作业人员）经特种作业和高处作业安全技术培训考核，取得特种作业操作证和体检合格后，才能进行脚手架的搭设和拆除工作。

(2) 搭设脚手架必须按规范进行，即：横平竖直，连接牢固，底脚着实，层层拉结，支撑挺直，通畅平坦，设施齐全、牢固。

(3) 架子工必须严格按专项施工方案及操作规程的要求搭设，

在搭设中要正确佩戴和使用劳动保护用品。

(4) 脚手架不得钢、竹混搭，主要受力杆件，如立杆、大横杆、小横杆和剪刀撑等，在同一建筑立面必须使用同一材质的材料。

★ 架子工

(5) 搭设用钢管和扣件必须符合国家标准，禁止使用有严重锈蚀，弯曲变形或有裂纹的钢管，脆裂、变形、滑丝的扣件也禁止使用。

(6) 脚手架内立杆与外墙面间按规定进行防护。脚手架上人斜道应有独立的支撑系统，转角休息平台应不小于3m²，斜道坡度不得大于1:3，防滑条的间距不得大于30cm。

(7) 钢管脚手架立杆的底脚应垂直稳放在混凝土垫块或混凝土硬化地基上，并设纵、横向扫地杆。

(8) 脚手架两端、转角处以及外侧的剪刀撑必须接续到位，拉结点构造和数量符合要求。

(9) 设置的立杆应等距，纵向间距不得大于1.8m。脚手架离墙面不宜大于20cm。大于20cm的，必须采取隔离措施。

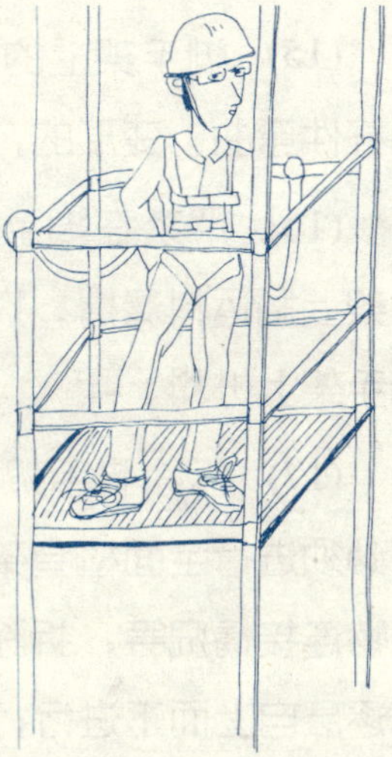

★ 搭设脚手架必须按规范进行

(10) 脚手架主要杆件的接长点必

须错开；钢管剪刀撑的接长处必须搭接，其搭接长度不得小于50cm。

(11) 脚手架的顶端必须按规程要求封顶；里立杆应低于檐口50cm，外立杆应高出檐口1m。脚手架的外侧，自第二步起，必须每步设1.2m高的防护栏杆和30cm高的挡脚杆；顶排的扶手栏杆不得少于2道，高度分别为1.2m和1.8m。

(12) 脚手架与各类输电线路的距离必须符合规定的安全距离，否则必须采取必要的安全防护措施。搭设和拆除架体时，必须注意安全，谨防杆件碰及高压线后伤人。

(13) 操作面高于2m的里脚手架的安全防护、强度、刚性和稳定性必须同样符合有关要求。

(14) 脚手架必须有良好的避雷接地装置，接地电阻不大于10Ω。

(15) 脚手架上的垃圾杂物必须经常清理，发现脚手片破损或杆件弯曲、变形的，应及时更换。

(16) 严禁在脚手架上拉缆风绳和设置起重把杆；不准在脚手架上搁运料滑槽，搭设受料平台；不准采用斜拉、斜吊方式从脚手架上进料。

(17) 拆除脚手架和物料提升机应明确专人负责指挥，拆除前必须进行全面检查架体有无其他牵拉物，提升机与脚手架、建筑物连接情况等；拆除时指定专人警戒；拆除必须按搭设的逆顺序逐层自上而下进行，做到一步一清，严禁上下同时拆除。

(18) 拆下的钢管、脚手片、扣件、密目型安全网等物体，应向下传递或用绳吊下，禁止往下抛掷。

(19) 钢管、脚手片、扣件、安全网等分门别类，整齐堆放，挂设标牌。

(20) 脚手架搭设后，必须申请验收。

二十六、物料提升机操作工安全操作技术基本要求

(1) 物料提升机操作人员必须经过安全技术培训，取得操作证，方可独立操作。

(2) 卷扬机应安装在平整坚实的基础上，机身和地锚必须牢固。操作棚里视野良好。

(3) 每日作业前，应检查钢丝绳、离合器、制动器、保险齿轮、传动滑轮和安全保险装置等，确认安全可靠、有效后，方准操作。发现安全保险装置失效时，应立即停机修复。作业中不得随意使用极限限位装置。钢丝绳变形或断丝断股超过规定的，必须按规定及时更换。

(4) 钢丝绳卷筒必须设置防钢丝绳滑脱的保险装置。钢丝绳在卷筒上必须排列整齐，作业中最少需保留3圈。作业中发现钢丝绳缠绕的必须暂停使用，重新排列整齐。

(5) 物料在吊笼里应均匀分布，不得超出吊笼。当长料在吊笼中立放时，应采取防滚落措施；散料应装箱或装笼。严禁超载使用。

(6) 严禁人员攀登、穿越提升机和乘吊笼上下。

(7) 高架提升机作业时，应使用通信装置联系。低架提升机在多工种、多楼层同时使用时，应专设指挥人员，信号不清不得开机。作业中无论任何人发出紧急停车信号，应立即执行。

(8) 操作中或吊笼尚悬空吊挂时，操作工不得离开驾驶座位。

(9) 当支承安全装置没有支承好吊笼时，严禁人员进入吊笼。吊笼安全门未关好或人未走出吊笼时，不得升降吊笼。

(10) 吊笼运行时，严禁人员将身体任何部位伸入架体内。在架体附近工作的人员，身体不得贴近架体。使用组合架体时，进入吊笼的人员，应随时注意相邻吊笼的运行情况；人和物料、工具不得越入相邻的架体内。

(11) 闭合电源前或作业中突然停电时，应将所有开关扳回零位。在重新恢复作业前，应在确认提升机动作正常后方可继续使用。

(12) 物料提升机经验收合格后，方可投入使用。不得擅自使用未经验收或不符合要求的物料提升机。

二十七、混凝土机、砂浆机操作工安全操作技术基本要求

(1) 混凝土机、砂浆机操作人员必须经过安全技术培训，取得操作证，方可独立操作。

(2) 搅拌机、灰浆机必须安置在坚实的地方。搅拌机必须用支架或支脚筒架稳，不准以轮胎代替支撑，传动部位必须要有防

护罩。

(3) 搅拌机操作手柄必须有保险装置。

(4) 开动搅拌机前应检查离合器、制动器、钢丝绳等，滚筒内不得有异物，确认安全可靠，方准操作。搅拌机钢丝绳、保险挂钩和其他安全保险装置不符合要求的，必须及时调换，否则禁止操作。

(5) 进料斗升起时，严禁任何人在料斗下通过或停留；工作完毕后应将料斗固定好。

(6) 运转时，严禁将手或工具伸时滚筒内。

(7) 现场检修时，应固定好料斗，切断电源；进入滚筒时，外面应有人监护。

(8) 操作时，严禁擅自离开岗位或非操作人员代替工作。

(9) 工作完毕，应将搅拌机进料斗挂起，清洗机具，拉掉闸刀，锁好配电箱。

二十八、外用电梯（人货两用电梯）司机安全操作技术基本要求

(1) 司机必须经过安全技术培训，身体健康，取得特种作业操作证，方可独立操作。

(2) 司机必须身体健康，其中两眼视力良好，无色盲，两耳均无听力障碍，无高血压、心脏病、癫痫、眩晕和突发性的疾病，无妨碍操作的疾病和生理缺陷。

(3) 司机必须熟知所操作电梯的性能、构造，按电梯有关规

定进行操作，严禁违章作业。司机应熟知电梯的保养、检修知识，按规定对电梯进行日常保养。

★ 认真做好交接班手续

(4) 现场外用电梯基座5m范围内，不得挖掘沟槽；电梯底笼2.5m范围内，要搭设坚固的防护罩棚。

(5) 认真做好交接班手续，检查电梯履历书及交班记录等的填写情况及记载事项，认真填写运转记录。

★ 司机必须经过安全技术培训

(6) 工作前应检查外用电梯的技术状况，检查部位螺栓的坚固情况，横竖支撑和站台及防护门、钢丝绳及滑轮、传动系统、电气线路、仪表、附件及操作按钮等情况，如发现不正常，应及时排除，司机排除不了时应及时上报。

(7) 检查各部位限位器和安全装置情况，经检查无误后，先将梯笼升高至离地面1m处停车检查制动是否符合要求，然后继续上行，试验卸料平台、防护门、上限位、前后门限位的运转情况，确认正常后，方可运行。

(8) 操作电梯运行起步前，均需鸣笛示警；电梯未切断总电源开关前，司机不准离开操作岗位。作业后，将电梯降到底层，各控制开关扳至零位，切断电源，锁好配电箱和梯门。

(9) 严禁超载、超员，运载货物应做到均匀分布，防止偏载，物料不得超出梯笼之外。未到规定停靠位置，禁止人员上下。

(10) 运行到上下尽端时，不准以限位停车（检查除外）；在运行中严禁进行保养作业，双笼电梯一只梯笼进行笼外维修保养时，另一只梯笼不得运行。

(11) 遇恶劣天气，如雷雨、六级以上大风、大雾、导轨结冰等应停止运行；灯光不明、信号不清应停止运行；电梯机械发生故障、未彻底排除前应停止运行；钢丝绳断丝磨损超过规定的应停止运行。

(12) 暴风雨后，外用电梯的基座、电源、接地、过桥、暂设支撑等，要进行安全检查。

二十九、塔吊司机安全操作技术基本要求

(1) 司机必须身体健康，两眼视力良好，无色盲，两耳无听力障碍。必须通过安全技术培训，取得特种作业人员操作证，方可独立操作。

(2) 司机必须熟知所操作塔吊的性能构造，按塔吊有关规定进行操作，严禁违章作业。应熟知机械的保养、检修知识，按规定对机械进行日常保养。

(3) 塔吊必须有灵敏的吊钩、绳筒、断绳保险装置，必须具

备有效的超高限位、变幅限位、行走限位、力矩限制器、驾驶室升降限位器等，上升爬梯应有护圈。

(4) 作业前，应将轨钳提起，清除轨道上障碍物，拧好夹板螺丝；使用前应检查试吊。

(5) 作业时，应将驾驶室窗子打开，注意指挥信号；冬季驾驶室内取暖，应有防火、防触电措施。

(6) 多台塔吊作业时，应注意保持各机操作距离。

(7) 塔吊行走到接近轨道限位开关时，应提前减速停车；信号不明或可能引起事故时，应暂停操作。

(8) 起吊时起重臂下不得有人停留或行走，起重臂、物件必须与架空电线保持安全距离；起吊必须坚持“十不吊”的安全操作规定。

(9) 物件起吊时，禁止在物件上站人或进行加工。

(10) 起吊在满负荷或接近负荷时，严禁降落臂杆或同时进行两个动作。

(11) 起吊重物严禁自由下落，重物下落用手刹或脚刹控制缓慢下降。

(12) 作业完毕后，塔吊应停放在轨道中部，臂杆不应过高，应顺向风源，卡紧夹轨钳，切断电源；应将起吊物件放下，刹住制动器，操纵杆放在空档，并关门上锁。

(13) 自升式塔吊在吊运物件时，平衡重必须移动至规定位置。

(14) 塔吊顶升时必须放松电缆，放松长度应略大于总的顶升高度，并固定好电缆卷筒；应把起重小车和平衡重移近塔帽，并将旋转部分刹住，严禁塔帽旋转。

(15) 塔吊安装后经验收合格，方可投入使用。严禁使用未经验收或未通过验收的塔吊。

三十、机动翻斗车司机安全操作技术基本要求

(1) 严格遵守交通规则和有关规定，驾驶车辆必须证、照齐全，不准驾驶与证件不符的车辆，严禁酒后开车。

★ 应保持适当安全距离和设置挡墩

(2) 发动前应将变速杆放在空挡位置，并拉紧手刹车。

(3) 发动后应检查各种仪表、方向机构、制动器、灯光等是否灵敏可靠，确认一切正常和周围无障碍物后，方可鸣号起步。

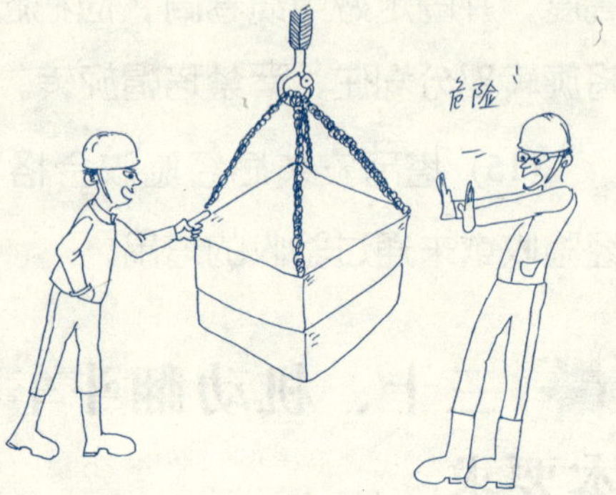

★ 所有人员严禁在起重臂和吊起的重物下面停留或行走

(4) 在坡道上被迫熄火停车时，应拉紧手制动器，下坡挂倒挡，上坡挂前进挡，并将前后轮楔牢。

(5) 机动翻斗车时速不超过5km，车辆通过泥泞路面时，应保持低速行驶，不得急刹车。

★ 起重指挥应由技术熟练、懂得起重机械性能的人员担任

(6) 向坑槽混凝土集料斗内卸料时，应保持适当安全距离和设置挡墩，以防翻车。

(7) 卸料时不得启动车子，车子未停稳不得卸料。

(8) 车上严禁超带人，料斗内不准乘人，转弯时应减速，不得违章行车，注意来往行人。

三十一、起重工安全操作技术基本要求

(1) 起重指挥应由技术熟练、懂得起重机械性能的人员担任。指挥时应站在能够照顾到全面工作的地点，所发信号应事先统一，并做到准确、洪亮和清楚。

(2) 所有人员严禁在起重臂和吊起的重物下面停留或行走。

(3) 使用卡环应使长度方向受力，抽销卡环应预防销子滑脱，有缺陷的卡环严禁使用。

(4) 使用两根以上绳扣吊装时，绳扣间的夹角如大于100°，应采用防止滑钩等措施。用4根绳扣吊装时，应在绳扣间加铁扁担等调节其松紧度。

(5) 使用中禁止人员跨越钢丝和停留在钢丝绳可能弹及的地方。

(6) 起吊物件应使用交互捻制的钢丝绳，钢丝绳如有扭结、变形、断丝、锈蚀等异常现象，应及时降低使用标准或报废。

(7) 装运易倒构件应用专用架子，卸车后应放稳搁实，支撑牢固。

(8) 起吊屋架由里向外起板时，应先起钩配合伸降臂；由外向里起板时，应先伸臂配合起钩。就位的屋架应搁置在道木或方木上，两侧斜撑一般不少于3道。禁止斜靠在柱子上。

(9) 无缆风校正柱子应随吊随校。但偏心较大、细长、杯口深度不足柱子长度的1/20或60cm时，禁止无缆风校正。

(10) 禁止将物件放在板形构件上起吊。吊装不易放稳的构件，

应用卡环，不得用吊钩。

(11) 操作时，严禁擅自离开岗位，工作中要听从指挥人员的信号，信号不明或可能引起事故时，应暂停操作，待弄清情况后方可继续作业。

(12) 作业中突然停电，应立即拉开闸门，并将运送物件放下。

(13) 现场外用井架电梯基座5m范围内，不得挖掘沟槽。（电梯）底笼2.5m范围内，要搭设坚固的防护罩棚。

(14) 暴风、雷雨后，外用井架（电梯）的基座、电源、接地、过桥、暂设支撑等，要进行安全检查。

(15) 使用井架（电梯），严禁超载，运输物料不得超出护网。

第八部分 伤害急救

一、高空坠落急救

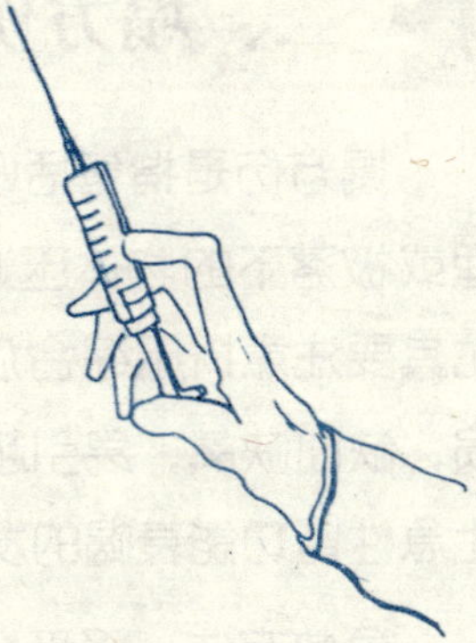

高空坠落是水利建设工地常见的一种伤害，多见于水利建设土建工程施工和闸门安装等高空作业。若不慎发生高空坠落伤害，则应注意以下几点：

(1) 去除伤员身上的用具和衣袋中的硬物。

(2) 在搬运和转送受伤者过程中，颈部和躯干不能前屈或扭转，而应使脊柱伸直，绝对禁止一个人抬肩另一个人抬腿的搬法，以免发生或加重截瘫。

(3) 应注意摔伤及骨折部位的保护，避免因不正确的抬送，使骨折错位造成二

★ 复合伤要求平仰卧位

次伤害。

(4) 创伤局部妥善包扎，但对疑似颅底骨折和脑脊液漏患者切忌作填塞，以免导致颅内感染。

(5) 复合伤要求平仰卧位，保持呼吸道畅通，解开衣领扣。

(6) 快速平稳地送医院救治。

二、塌方伤急救

塌方伤是指包括塌方、石矿意外事故或房屋倒塌后伤员被掩埋或被落下的物体压迫之后的外伤，除易发生多发伤和骨折外，尤其要注意挤压综合症问题，即一些部位长期受压，组织血供受损，缺血缺氧，易引起坏死。故在抢救塌方多发伤的同时，要防止急性肾功能衰竭的发生。

急救方法：将受伤者从塌方中救出，必须急送医院抢救，方可及时采取防治肾功能衰竭的措施。

三、烧伤或烫伤急救

★ 一旦被火烧伤，要迅速离开致伤现场

烧伤是一种意外事故。一旦被火烧伤，要迅速离开致伤现场。衣服着火，应立即倒在地上翻滚或翻入附近的水沟中或潮湿地上。这样可迅速压灭或冲灭火苗，切勿喊叫、奔跑，以免风助火威，造成呼吸道烧伤。最好的方法是用自来水冲洗或浸泡伤患处，可避免受伤面扩大。

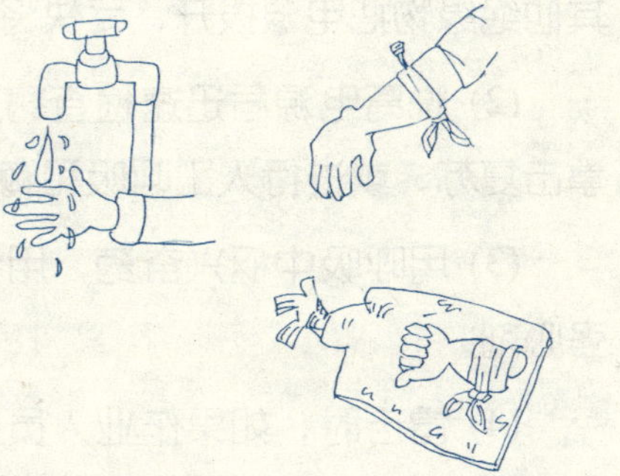

肢体被沸水或蒸汽烫伤时，应立即剪开已被沸水湿透的衣服和鞋袜，再将受伤的肢体浸于冷水中，可起到止痛和消肿的作用。如贴身衣服与伤口粘在一起时，切勿强行撕脱，以免使伤口加重，可用剪刀先剪开，然后慢慢将衣服脱去。

不管是烧伤或烫伤，创面严禁用红汞、碘酒和其他未经医生同意的药物涂抹，而应用消毒纱布覆盖在伤口上，并迅速将伤员送往医院救治。

四、电击伤急救

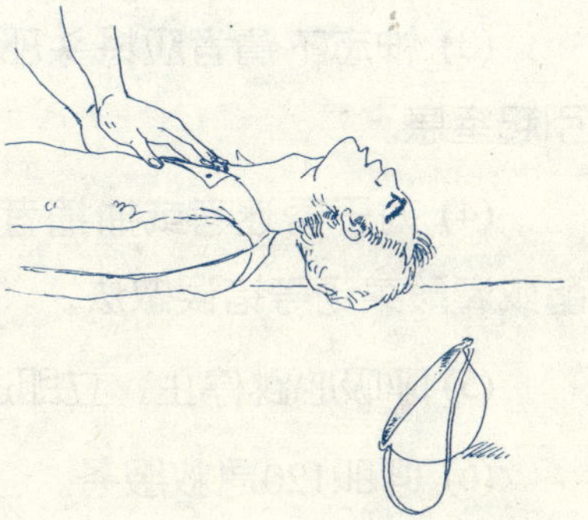

★ 脱离电源后迅速检查病人

在水利建设工地施工现场，常常会因民工违章操作而导致被电击。电击伤急救方法：

(1) 先迅速切断电源，此前不能触摸受伤者，否则会造成更多的人触电。若一时不能切断电源，救助者应穿上胶鞋或站在干的木板凳子上，双手戴上厚的塑胶手套，用干木棍或其他绝缘物把电源拨开，尽快将受伤者与电源隔离。

(2) 脱离电源后迅速检查病人，如呼吸心跳停止，立即进行拳击复苏，或进行人工呼吸和胸外心脏按摩。

(3) 用呼吸中枢兴奋药，用手掐人中穴。在心跳停止前禁用强心剂。

(4) 雷击时，如果作业人员孤立地处于空旷暴露区并感到头发竖起，应立即双腿下蹲，向前曲身，双手抱膝自行救护。

处理电击伤伤口时应先用碘酒纱布覆盖包扎，然后按烧伤处理。电击伤的特点是伤口小、深度大，所以要防止继发性大出血。

五、煤气中毒急救

(1) 立即打开门窗，流通空气，同时应尽快让病人离开中毒环境，转移至空气新鲜流通处，并注意保暖。

(2) 有自主呼吸的，充分给以氧气吸入。

(3) 神志不清者应将头部偏向一侧，以防呕吐物吸入呼吸道引起窒息。

(4) 对于昏迷者或抽搐者，可头置冰袋，切忌采用冷冻、灌醋或灌酸菜汤等错误做法。

(5) 呼吸心跳停止，立即进行人工呼吸和心脏按压。

(6) 呼叫120急救服务。

(7) 争取尽早进行高压氧舱治疗，减少后遗症。途中严密监控患者的神志、呼吸、心率、血压等方面的病情变化。

六、中暑急救

(1) 迅速将病人移到阴凉通风地方，解开衣扣、平卧休息。

(2) 用冷水毛巾敷头部，或用30%酒精擦身降温，喝一些淡盐水或清凉饮料，清醒者也可服人丹、十滴水、藿香正气水等。昏迷者用手掐人中或立即送医院。

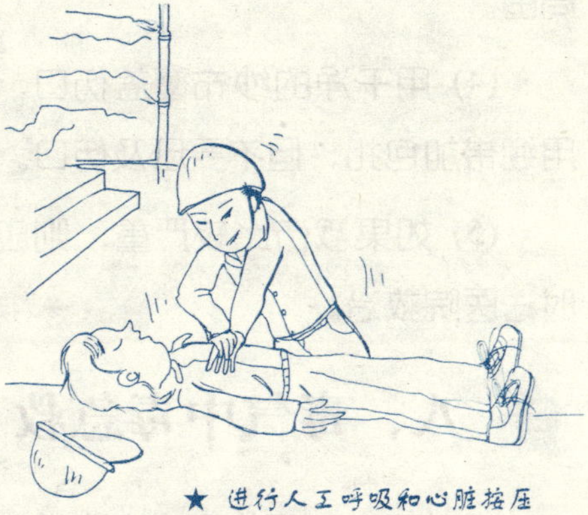

★ 进行人工呼吸和心脏按压

七、戳伤急救

戳伤是指用小刀或剪刀、钢针、钢钎等尖锐物品刺戳所造成的意外伤害。表面上看伤口不大，但皮内组织，甚至内脏可能损伤严重。伤后的紧急救治步骤如下：

★ 开窗通风

(1) 用清洁纱布或其他布料（干净手绢也可以）按在伤口四周以止血。如果利器仍插在伤口内，切勿拔出来。

(2) 使受伤部位抬高，要高过心脏。如果怀疑有骨折可能时，切勿抬高受伤部位。

(3) 如果刺入伤口的物体较小，可用环形垫或用其他纱布垫在伤口周围。

(4) 用干净的纱布覆盖伤口，再用绷带加包扎，但不要压及伤口。

(5) 如果戳伤比较严重，则应及时送医院救治。

★ 中暑急救

八、毒气中毒急救

在井（地）下施工中有人发生中毒时，绝对不要盲目下去救助。必须先向下送风，救助人员必须采取防护措施，应及时向119、110、120求救。

九、常用救护方法

1.人工呼吸法（口对口 或口对鼻呼吸法）

一个人呼吸停止2～4min内便会死亡，在这种情况下，如果对病人实行口对口的人工呼吸，将有起死回生的可能。操作要领如下：

(1) 病人仰卧，松解衣领，清除病人口鼻中分泌物和污泥、假牙等，必要时将舌拉出来以免舌根后坠阻塞呼吸道。

(2) 将病人头部后仰，使呼吸道伸展，救护人员将口紧贴病人的口（最好隔一纱布），另一手捏紧病人鼻孔以免漏气，救护者深吸一口气，向病人口内均匀吹气，对成人吹气每分钟16～18次，对小孩每分钟20次。

(3) 吹气要快而有力。此时要密切注意病人的胸部，如胸部有活动后，立即停止吹气，并将病人的头部偏向一侧，让其呼出空气。

(4) 如果病人牙关紧闭，无法进行口对口呼吸，可以用口对鼻呼吸法（将病人口唇紧闭），直到病人自动呼吸恢复为止。

2.胸外心脏按摩方法

病人仰卧硬棉线上或地面上，双下肢稍抬高。抢救者站在或跪在病人侧面（左侧或右侧均可）两手相迭，将手掌根部放在病人的胸骨下方，剑突之上，借自己身体的重量，使该胸肋部下陷3～4cm为度。压后迅速抬手，使胸骨自行复位。以每分钟60～80次的节律反复进行。

操作时应注意：

(1) 抢救者的双臂应绷直，双肩应在患者胸骨的正下方，上半身可向前倾斜，利用上半身的体重加强按摩的力量。

(2) 如患者在钢丝床上，应要其后背垫一块硬板，其长度和宽度应够大，否则会使压迫心脏的力量减弱而减少按摩的作用。

3.心肺复苏法

只有伤者在呼吸停顿或者心跳停顿的情况下可以使用心肺复苏法紧急施救。方法如下：

(1) 将伤者仰卧平放，确保在移动伤者时，其身体各部位如头、颈、肩膀及背部一并移动。

(2) 将伤者的头部及下颌仰起，令气道畅通（将伤者的面部仰起及额头向后倾，然后用另一只手把下颌托向前）。

(3) 若仍然无效，可以把2～3只手指放于伤者颚骨的两边，把颚骨向上提，然后清除所能见到的异物。

有时候，只需疏通气道，伤者即可恢复呼吸。若伤者没法恢复自然呼吸，应立刻为其进行人工呼吸。若已为伤者施行了两次人工呼吸，亦看到伤者的胸腹部有起伏时，可为其检查脉搏。若伤者仍有脉搏跳动，但已没有呼吸，要继续为伤者施行人工呼吸，每五秒钟一次或每分钟12次。每分钟检查一次伤者之脉搏（即每12次人工呼吸之后），直至伤者恢复自然呼吸或救护人员到场为止。

4.外伤止血方法

(1) 包扎止血。小创口出血，可用冷开水冲洗，再用干净毛巾或其他软质布料覆盖包扎。严禁用泥土、面粉等不洁物撒在伤口上，造成伤口进一步污染。

(2) 指压止血法。用于急救处理急剧的动脉出血。手指压在出血动脉的近心端的邻近骨头上，阻断血运来源。

(3) 止血带法止血。较大的肢体动脉出血，为运送方便起见，应上止血带。用橡皮带、宽布条、三角巾、毛巾等均可。上止血带后，每半小时到一小时放松一次，放松3～5min后再扎上，放松止血带时可暂用手指压迫止血。

十、拨打“120”急救电话

时间就是生命。如果水利建设工程施工现场发生突发事件而有人受伤，工友在对受伤者进行简单抢救的同时，要同时拨打“120”急救电话。

(1) 拨打电话的最佳人选为伤者亲属或现场知情者。

(2) 通话一般采用急救中心询问，求救者回答的方式。

(3) 打电话者应当清楚地说出出事地点、事故原因、伤者情况等，以便对方选派医生和携带急救设备、药品等。

(4) 各类急救车型的功能与收费标准不一，可供打电话者自选。

(5) 接车地点是确保急救车尽快到达伤者身边的必要措施，应该是打电话者通报信息的重点。

(6) 如遇灾害事件，报警人要回答灾害性质、涉及范围、伤亡人数、目前救援状况等。

★ 拨打“120”

第九部分 安全标语、警句和应急电话

一、安全标语

1.安全第一，预防为主。

2.人人讲安全，安全为人人。

3.安全生产，人人有责。

4.质量是安全的基础，安全为生产的前提。

5.蛮干是走向事故深渊的第一步。

6.眼睛不容一粒砂土，安全来不得半点马虎。

7.高高兴兴上班，平平安安回家。

8.制度不全，事故难免。

9.遵章是安全的先导，违章是事故的预兆。

10.安全和效益结伴而行，

事故与损失同时发生。

11.企业效益最重要，防火安全第一条。

12.安全就是节约，安全就是生命。

13.安全是生命的基石，安全是欢乐的阶梯。

14.骄傲自满是事故的导火索，谦虚谨慎是安全的铺路石。

15.安全编织幸福的花环，违章酿成悔恨的苦酒。

16.车轮一转想责任，油门紧连行人命。

17.安全警句千条万条，安全生产第一条。安全策略千计万计，安全教育第一计。

18.质量是企业的生命，安全是职工的生命。

19.安全施工，规范操作。遵章守纪，尽职尽责。

20.安全在我心中，质量在我手中。

21.精心施工保质量，清除隐患保安全。

22.事故不难防，重在守规章。

23.群策群力科学管理，戒骄戒躁杜绝事故。

24.安全责任重于泰山。

25.实施《安全生产法》，人人事事保安全。

26.政府统一领导，部门依法监督。企业全面负责，社会监督支持。

27.珍惜生命，勿忘安全。

28.以安全之桨，撑发展之舟。

29.多看一眼，安全保险。多防一步，少出事故。

30.安全不离口，规章不离手。安不可忘危，治不可忘乱。

31.安全法规血写成，违章害己害亲人。

32.安全是幸福家庭的保证，事故是人生悲剧的祸根。

33.安全生产勿侥幸，违章蛮干要人命。

34.遵守规则，欢笑的是亲人。违章行车，狞笑的是死神。

35.安全人人抓，幸福千万家。安全两天敌，违章和麻痹。

36.安全来于警惕，事故处于麻痹。巧干带来安全，蛮干招来祸端。

37.企业要发展，安全是保障。

38.安全是最大的效益，事故是最大的浪费。

39.规程是安全工作的生命，责任是安全工作的灵魂。

40.关注安全，关爱生命。

41.隐患险于明火，防范胜于救灾。

42.晴带雨伞饱带粮，事故未出宜先防。

43.安全生产你管我管，大家管才平安。事故隐患你查我查，人人查方安全。

44.冒险是事故之友，谨慎为安全之本。

45.安全不能指望事后诸葛，为了安全须三思而后行。

46.容忍危险等于作法自毙，谨慎行事才能安然无恙。

47.安全是职工的生命线，职工是安全的负责人。

48.防火须不放过一点火种，防事故须勿存半点侥幸。

49.安全措施订得细，事故预防有保证。宁为安全操碎心，不让事故害人民。

50.你对违章讲人情，事故对你不留情。无情于违章惩处，有情于幸福家庭。

51.安全是生命之本，违章是事故之源。

52.工作称职不称职，安全生产作标尺。

53.责任心是安全之魂，标准化是安全之本。

54.一丝不苟，按章作业，是可靠的安全秘诀。

55.当你违章作业之际，正是灾难降临之时。

56.出门无牵挂，先把火源查。火灾不难防，重在守规章。

57.造高楼靠打基础，保安全靠抓班组。制度严格漏洞少，措施得力安全好。

58.不怕千日紧，只怕一时松。疾病从口入，事故由松出。

59.安全要讲，事故要防。安不忘危，乐不忘忧。

60.安全生产挂嘴上，不如现场跑几趟。安全生产月儿圆，违章蛮干缺半边。

61.安全管理完善求精，人身事故实现为零。安全来自长期警惕，事故源于瞬间麻痹。

62.宁可千日不松无事，不可一日不妨酿祸。抓基础从大处着眼，防隐患从小处着手。

63.违章蛮干铸成终身遗憾，遵章守纪伴你一生平安。

64.凭侥幸，耍大胆，出了事故后悔晚。

65.安全在于细心，事故出自大意。

66.严是爱，松是害，严中自有真情在。

67.事故出于麻痹，安全来于警惕。

68.质量是安全的基础，安全为生产的前提。

69.无知加大意必危险，防护加警惕保安全。

70.入海之前先探风，上岗之前先练功。

71.争当行家和能手，事故永世难出头。

72.筑起堤坝洪水挡，练就技能事故防。

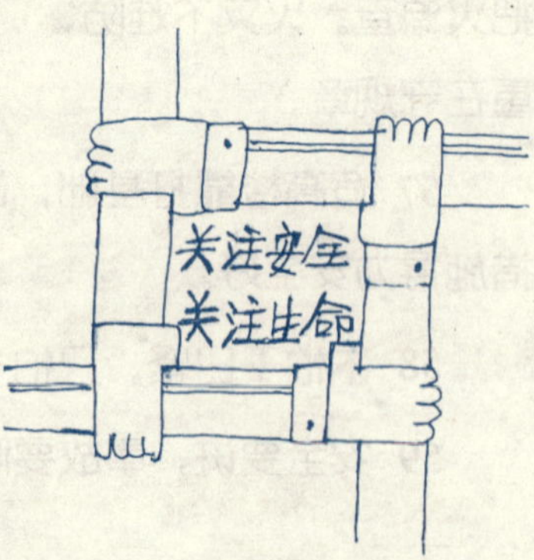

73.技术不过硬，安全无保证。

74.要辨明云行的方向，要懂得尘起的原因。

75.无知不懂莫蛮干，问遍千家成行家。

76.地基不牢楼房倒，本领不高事故闹。

77.骄傲源于浅薄，鲁莽出自无知。

78.骄傲自满是事故的导火线，谦虚谨慎是安全的铺路石。

79.镜子不擦试不明，事故不分析不清。

80.用蜜比用蜡更易捉到苍蝇，用心比用眼更易查出隐患。

81.事故教训是镜子，安全经验是明灯。

82.出事学乖教训高，不如事前早把牢。

83.愚者用鲜血换取教训，智者用教训避免事故。

84.记住山河不迷路，记住规章防事故。

85.不懂莫逞能，事故不上门。

86.闭着眼睛捉不住麻雀，不学技术保不了安全。

87.熟水性，好划船。学本领，保安全。

88.小心无大错，粗心铸大过。

生产秩序乱，事故到处有。

89.人最宝贵，安全第一。

我要安全，安全为我。

90.互让半步，处处通途。

步步小心，平安是金。

91.安全是生命之本，违章是事故之源。

二、应急救援电话

匪警	110
火警	119
医疗急救	96120
交通事故报警	96122
电话号码查询	114
特快专递查询	185
天气查询	96121
法律援助	12348
中国太平洋人寿保险股份有限公司	95500

第十部分　安全教育标准问答

水利工程施工人员安全教育培训标准化问答卷

（共用部分）

★1.施工作业人员入场前应接受哪些教育？

答：必须经过公司、项目部、班组三级安全教育培训，考试合格后方可上岗作业。

★2.作业人员施工中应该执行什么要求？

答：必须认真执行掌握安全技术交底、施工方案、措施和安全规范要求。

★3.作业人员作业前应检查什么？

答：检查工具、设备、现场环境等是否存在不安全因素，是否正确穿戴个人防护用品。

★4.施工现场严禁拆改、移动哪些设施？

答：严禁拆改、移动安全防护设施、用电设备等。

★5.脚手架使用前应有哪些规定？

答：必须按方案搭设，且符合规范要求，脚手架必须经过双方验收合格签字后方可使用。

★6.高处作业严禁向下抛掷什么？

答：抛掷任何物料、工具和施工垃圾等。

★7.作业中出现危险征兆时，作业人员应采取什么措施？

答：必须立即停止作业、从安全通道处撤离到安全区域，及时向主管领导汇报。

★8.我国的安全生产方针是什么？

答："安全第一、预防为主"。

★9.水利工程施工常发生的重大伤害是什么？

答：高处坠落、物体打击、触电、机械伤害、坍塌事故。

★10.施工中三不伤害是什么？

答：不伤害自己，不伤害他人，不被他人伤害。

★11.施工作业人员对危及生命安全健康行为有哪些权力？

答：批评、检举权和控告权。

★12.施工人员应履行哪些安全生产义务？

答：掌握安全生产技能，参加安全培训，服从安全管理，遵章守纪，正确佩戴和使用劳动防护用品。

★13.强令工人冒险作业发生事故是什么行为？

答：是犯罪行为，施工人员有权拒绝在危险区域内作业。

★ 14.对特种作业人员的要求是什么？

答：必须持合格有效证件上岗作业，如电工、电气焊、信号工、架子工、机械操作手等。

★ 15.我国制定安全生产法重要目的是什么？

答：制裁各种安全生产违法犯罪行为，保护劳动者的人身安全。

★ 16.安全生产责任制的目的是什么？

答：明确岗位责任，保障人民生命财产，预防工伤事故的发生。

★ 17.施工人员在作业中必须佩戴什么用品？

答：必须正确佩戴和使用合格的劳动防护用品。如安全帽、安全带、护目镜、防尘口罩、绝缘手套、绝缘鞋等。

★ 18.制定安全标志的目的是什么？

答：其目的是引导人们正确行走途径，提醒人们在作业过程中的正确操作方法，是对违章行为的一种警告提示。

★ 19.作业人员在管道和污水井内作业应采取哪些措施？

答：在作业前应对有害气体检测和排放，并向管道和井道内输入新鲜空气或氧气，并保护通风良好方可下孔洞作业。

★ 20.所有手持电动工具必须具备哪些装置？

答：手持电动工具绝缘措施完好，必须装有合格漏电保护装置，禁止拆改电源线和插头，使用专用流动开关箱。

★ 21.作业人员在机械挖土清理基坑时应注意什么?

答：严禁进人铲斗回转半径范围，必须等待挖土机械停止作业后，方可进入其内清土。

★ 22.水利工程施工中的“五口”是什么?

答：施工现场的洞口、坑口、沟口、升降口、漏斗口。

★ 23.对架子工的身体有哪些要求?

答：要定期检查身体并持证上岗，禁止有高血压、心脏病、癫痫病的人员从事架子搭设作业。

★ 24.在吊运和安装大模板或预制构件时应注意什么?

答：吊钩下方严禁站人，吊运前要认真检查吊索具和被吊点是否符合规范要求，作业中有信号工指挥。

★ 25.电工作业时有哪些安全要求?

答：穿绝缘鞋、戴绝缘手套，严禁酒后操作。

★ 26.电焊机二次线的要求有哪些?

答：使用专用焊把线，双线到位，焊把线不得有裸露接头，严禁借用金属管道、脚手架等金属物代替导线使用。

★ 27.氧气瓶、乙炔瓶使用时应注意什么?

答：乙炔瓶不得倒置；氧气瓶、乙炔瓶不得混放，两瓶之间间距不得小于5m，距明火间距不得小于10m。

★ 28.施工中发现沟、槽边有裂纹或部分下沉时如何处理?

答：要及时报告有关部门，并将人员撤到安全位置，严禁冒险作业。

★29.脚手板在作业面上如何铺设？

答：满铺脚手板，且固定牢固，不得有探头板和单跳板。

★30.打夯时需几人操作？

答：两人操作，一人扶夯、一人梳理电源线，两人都必须带绝缘手套。

★31.大模板、脚手架拆除时应注意什么？

答：设警戒区，派专人旁站，自上而下拆除，并及时码放整齐。

★32.模板的拆除顺序是什么？

答：先安装的后拆，后安装的先拆。

★33.常用的安全电压有哪些？

答：6V、12V、24V、36V。

★34.在潮湿和金属容器内作业使用的照明电压不得超过多少伏？

答：24V。

★35.人工开挖土方，两人横向间距不得小于多少米？

答：2m。

★36.人工开挖土方，两人纵向间距不得小于多少米？

答：3m。

★ 37. 槽、坑、沟边几米范围内不得堆土和存放材料设备？

答：1m之内堆放高度不得超高1m。

★ 38. 装卸乙炔瓶时应注意什么？

答：不得抛、碰、滑、滚等剧烈震动；应轻拿轻放。

★ 39. 如何正确戴安全帽？

答：(1) 戴帽前先检查外壳是否破损，有无合格帽衬，帽带是否齐全。

(2) 调整好帽衬间距（约4～5cm）。

(3) 调整好帽箍。

(4) 戴帽后系好帽带，锁好带扣。

★ 40. 安全带的正确系挂方法是什么？

答：选用检验合格的安全带，高挂低用，禁止打结或接长使用，系挂牢固，2m以上高度必须系挂安全带。

★ 41. 防火“五不走”的内容是什么？

答：(1) 交接班不交代不走。

(2) 用火设备火源不熄灭不走。

(3) 用电设备不拉闸不走。

(4) 可燃物不清不净不走。

(5) 发现险情不报告不处理好不走。

★ 42. 高处作业“四不踏”是什么？

答：(1) 未经检查的搭建物不准踏。

(2) 玻璃顶棚的天窗不准踏。

(3) 石棉瓦屋顶不准踏。

(4) 屋檐口不准踏。

★43.槽、坑、沟边的堆土高坡不得超过多少米？

答：1.5m。

★44.什么是高处作业？

答：凡在坠落基准面2m以上（含2m）有可能坠落的高处边进行的作业。

★45.各种高处作业时，操作人员应注意什么？

答：操作人员重心应位于室内，不得在窗台上站立，必要时应系好安全带。

★46.几级大风时应停止脚手架作业？

答：六级。

★47.搭、拆脚手架时作业人员必须佩戴哪些防护用品？

答：戴安全帽、系安全带、穿防滑鞋。

★48.电动吊篮作业人员必须佩戴哪些防护用品？

答：戴安全帽、安全带，安全带必须系挂在保险绳上。

★49.常见的安全标志有几种？分别指什么？

答：红、黄、蓝、绿分别指禁止、警告、指令、提示。

★50.燃烧的三个基本条件是什么？

答：火源、可燃物、助燃物。

★51.安全帽的作用是什么？

答：防止落物或碰撞突出物而受伤害。

★52.火警电话是多少？

答：119。

★53.急救电话是多少？

答：120、999。

★54.安全标志的作用是什么？

答：保障人身和设施安全的主要措施。

★55.轻度中暑的表现有哪些？

答：头疼、头晕、恶心、心慌。

★56.施工现场明火作业时必须办理哪些手续？

答：必须开具动火证、准备防火措施和设定看火人员。

★57.打夯机使用的开关有哪些要求？

答：必须使用单向开关，禁止使用倒顺开关。

★58.操作机械时工人应穿什么样式的工作服？

答：立架式工作服，袖口是松紧式。

★59.进入施工现场应注意哪些穿着要求？

答：严禁穿拖鞋、高跟鞋或光背，衣裤无破损残缺。

★60.高处作业时，手持工具和零星物料应放在哪里？

答：工具袋里。

★61.电梯井口的防护标准是什么？

答：必须设置1.5m高的开启式金属防护门。

★62.施工交叉作业时应注意哪些事项？

答：制定安全措施，错开作业时间或工序，搭设防护隔离棚。

★63.机械操作人员离开使用的机械时应做到什么？

答：切断电源、锁好箱门。

★64.平刨、手压刨安全防护装置必须达到什么要求？

答：齐全有效。

★65.圆盘锯及传动部位应安装哪些防护装置？

答：保护挡板、分料器、皮带轮、防护罩等。

★66.在宿舍内吸烟应注意什么？

答：严禁卧床吸烟，严禁随意乱扔带火的烟蒂。

★67.施工现场应克服哪些不文明行为？

答：随地大小便、随手乱扔垃圾、光背、穿拖鞋、在禁火处吸烟等。

★68.施工作业完成后应做到什么？

答：活完料净脚下清。

★69.砌块、小钢模码放高度是多少？

答：不得超过1.5m。

★70.人工挖扩孔时，孔下照明必须使用多少伏以下安全电压照明？

答：36V。

★71. 搭设脚手架时应使用统一规格管件，哪些材质不得混用？

答：钢、木材质不得混用。

★72. 存放袋装水泥、散装沙石料应怎样码放？

答：成架码放，码架不得靠墙，高度不超过1.5m。

★73. 施工现场应节约能源，杜绝什么现象？

答：长流水、长明灯。

★74. 外用电梯楼层卸料平台防护门的高度是多少？

答：不低于1.2m，并时刻处于关闭状态。

★75. 大模板必须具备哪些设施？否则不得投入使用？

答：操作平台、上下爬梯、防护栏杆和工具箱等设施，无腿模板应存放在专用插放架内。

★76. 建筑物内哪些地方不能堆放物料？

答：楼梯间、休息平台、阳台临边等处。

★77. 施工中搬运材料应做到什么？

答：轻拿轻放，不得人为制造噪声，不得大声喧哗。

★78. 施工人员进入施工现场应遵守什么？

答：(1) 服从领导和安全检查人员的指挥。

(2) 坚守岗位，不串岗。

(3) 严禁酒后上班。

(4) 不得在禁止烟火的地方吸烟动火。

(5) 不得随意进入危险场所或触摸非本操作的设备，电闸、阀门、开关等。

(6) 不得拆除、移动或毁坏各种安全标志。

★79. 安全色标有哪四种颜色？

答：红、黄、蓝、绿。

★80. 影响安全生产的主要因素有哪些？

答：(1) 人员及素质不稳定。

(2) 施工现场受地理环境影响。

(3) 季节影响。

(4) 高处作业主体交叉作业多。

★81. 预防中暑的方法有哪些？

答：(1) 保持充足的睡眠和适当营养。

(2) 穿透气性好的衣服，延长午休时间。

(3) 饮用消暑饮料。

★82. 什么是特殊高处作业？

答：强风天气高处作业、雨雪雾天高处作业。

★83. 结构施工中的伸缩缝和后浇带必须用什么保护？

答：固定盖板，固定牢固。

★84. 对哪些作业人员必须定期进行培训和考核？

答：特种作业人员。如电工、电气焊工、信号工、架子工等。

★85. 钢筋加工机械和木工机械禁止哪些人操作？

答：非操作手操作。

★86. 施工人员在施工现场应注意哪些事项？

答：施工人员进出施工区域必须从安全通道进出，严禁翻墙、跨越护身栏和攀爬脚手架。

★87. 钢筋切割操作有哪些要求？

答：操作人员禁止戴线手套，所切钢筋不允许超过刀具范围值，操作人员必须在防雨防砸棚内操作。

★88. 易造成事故的不安全状态有哪些？

答：(1) 防护、保险、信号等装置缺乏或有缺陷。

(2) 机械、绝缘、吊索具的强度不够。

(3) 设备超负荷或带病运转。

(4) 个人防护用品用具缺少或缺陷。

(5) 施工区域环境不良。

★89. 易造成事故的不安全行为有哪些？

答：(1) 操作错误。

(2) 造成安全装置失灵。

(3) 使用不安全设备。

(4) 手代替工具操作。

(5) 冒险进入危险场所。

(6) 攀、坐不安全位置。

(7) 不正使用个人防护用品。

★90.事故的直接责任者指什么？

答：与事故有必然因果关系的人，如违章作业，冒险蛮干，无故拆除安全设施和安全装置的人。

★91.房屋拆除的一般安全要求有哪些？

答：(1) 正确佩戴好安全帽，穿防钉子扎脚的硬底防滑鞋。

(2) 现场内禁止吸烟，易燃物周围禁止使用明火。

(3) 无关人员禁止进入现场。

(4) 被拆除建筑物周围要设若干安全哨，防止其他人员伤亡。

(5) 拆除旧建筑物时应随时洒水，减少扬尘污染。

★92.拆除房屋的一般顺序是什么？

答：从外到内，从上到下，严禁上下同时作业。

★93.雷雨时不能在哪些部位进行作业？

答：在塔吊导轨旁边和提升井架的周围地面上行走易遭受雷击产生的跨步电压伤害，因此应暂停作业。

★94.假如配电线路断线，线头落在身旁的地面上，怎样做才安全？

答：一脚抬起或两脚在一起蹦出20m以外，并设法断电源或采取措施防止他人靠近。

★95.带电灭火时应采用哪些灭火器?

答：二氧化碳、四氯化碳、1211、干粉灭火器。

★96.进行拆、搭金属构架作业时，人及物体与一般带电设备应保持的安全距离是多少?

答：不得少于1.5m，否则应停电作业。

★97.卷扬机吊笼可以载人一同上下吗?

答：卷扬机的吊笼只是一种垂直运输物料的机械，任何人都不能随吊笼一同上下。

★98.发生中暑怎样救护?

答：(1) 迅速将中暑者移到凉爽通风的地方。

(2) 脱去或解松衣服，使患者平卧休息。

(3) 给患者喝含食盐的饮料或冰开水，用凉水或酒精擦身。

(4) 发生痉挛，持续高烧及昏迷者应立即送往医院。

★99.使用无齿锯时应注意什么?

答：(1) 锯片无裂痕和变形。

(2) 禁止反转。

(3) 锯片的切线方向严禁站人。

(4) 无齿锯应有防护罩。

(5) 不得在锯片侧面打磨物品。

★100.个人饮食卫生应注意哪些事项？

答：饭前便后要洗手，不吃不干净的食品，不喝生水，保证身体健康。

水利工程施工人员安全教育培训标准化问答卷

（模板工部分）

★1.施工作业前如何查看作业面安全防护设施？

答：认真查看在施工程洞口、临边安全防护和脚手架护身栏、挡脚板、立网是否齐全、牢固；脚手板是否按要求间距放正、绑牢，有无探头板和空隙。

★2.操作人员登高作业应注意哪些安全事项？

答：必须走人行通道，严禁利用模板支撑攀登上下，不得在墙顶、独立梁及其他高处狭窄而无防护的模板面上行走。

★3.使用手锯应注意的安全问题有哪些？

答：锯条必须调紧适度，下班时要放松，以防在使用时锯条突然暴断伤人。

★4.加工的成品、半成品木材应如何堆码？

答：堆放整齐，不得任意存放，码放高度不得超过1.5m。

★5.支模的顺序是什么？

答：按工序进行，模板没有固定前，不得进行下道工序；禁止利用拉杆、支撑攀登上下。

★6. 模板支撑应做好哪些方面？

答：模板支撑按专项施工方案搭设。不得使用腐朽、锈蚀、扭裂、劈裂、弯曲变形的材料，禁止使用毛竹。顶撑要垂直，底端要平整、坚实，并加垫木；支撑杆件应用横顺拉杆和剪刀撑拉牢。

★7. 支设独立梁模应注意哪些安全事项？

答：设临时操作台，不得站在柱模上操作和在梁底模上行走。

★8. 支设4m以上的立柱模板应采取哪些安全措施？

答：四周必须顶牢，操作时要搭设工作台。

★9. 采用桁架支模应做好哪些安全工作？

答：严格检查，发现严重变形、螺栓松动等应及时修复。

★10. 安装现浇梁式楼梯模板中，正确的操作工艺流程是什么？

答：平台梁模—平台模—斜梁模—梯段模—扎铁—吊踏步模。

★11. 基础及地下工程模板安装应注意哪些安全问题？

答：必须检查基坑土壁边坡的稳定状况，基坑上口边沿1m以内不得堆放模板及材料。向槽（坑）内运送模板构件时，严禁抛掷。使用溜槽或起重机械运送，下方操作人员必须远离危险区域。

★12．坡屋面作业应采取哪些安全措施？

答：在坡度大于25°的坡屋面上操作，应有防滑梯、护身栏杆等防护措施。禁止在石棉瓦上行走。

★13．安装二层楼以上外墙窗扇，应采取哪些安全措施？

答：如外面无脚手架或安全网，应挂好安全带。

★14．进行板条天棚或隔音板作业应采取哪些安全措施？

答：不准直接在板条天棚或隔音板上通行及堆放材料；必须通行时，应在大楞上铺设脚手板。

★15．拆模的顺序和方法是什么？

答：按照先支后拆、后支先拆的顺序；先拆非承重模板，后拆承重的模板及支撑；在拆除用小钢模板支撑的顶板模板时，严禁将支柱全部拆除后，一次性拉拽拆除。已拆活动的模板，必须一次连续拆除完方可停歇，严禁留下安全隐患。

★16．拆除模板应做好哪些方面的安全工作？

答：拆除模板应履行申请审批手续，同意后方可操作。操作时应按顺序分段进行，严禁猛撬、硬砸或大面积撬落、拉倒；不得留下松动和悬挂的模板；拆下的模板和杆件应及时运到指定地点集中有序堆放，防止钉子扎脚。

★17．拆模作业应注意哪些安全问题？

答：必须设警戒区，严禁下方有人进入。拆模作业人员必须站在平稳牢固可靠的地方，保持自身平衡，不得猛撬，以防失稳坠落。

★18. 拆除薄腹梁、吊车梁、桁架等预制构件模板时应注意哪些安全事项？

答：随拆随加顶撑支牢，防止构件倾倒。

★19. 拆除的模板支撑等材料如何处理？

答：必须边拆、边清、边运、边码垛。楼层高处拆下的材料，严禁向下抛掷。

★20. 操作平刨机应遵守哪些基本安全要求？

答：(1) 平刨机必须有安全防护装置。刨料时应保持身体稳定，双手操作，禁止手在料后推送。刨削量每次一般不得超过1.5mm，进料速度要保持均匀，经过刨口时用力要轻，禁止在刨刀上面回料。

(2) 刨厚度大于1.5cm、长度小于30cm的木料，必须用压板或推棍，禁止用手推进。

(3) 过节疤时，戗槎要减慢推料速度，禁止用手按在节疤上推料；刨旧料时，必须将铁钉、泥沙等清除干净；换刀片时，应拉闸断电。

★21. 木工机械开关控制有哪些规定？

答：均不得使用倒顺开关控制。

★22. 操作压刨机应遵守哪些安全规定？

答：(1) 压刨机送料和接料不准戴手套，并应站在机床的一侧。

(2) 进料必须平直，发现材料走横或卡位，应停机降低台面调正，遇硬节时要减慢送料速度，送料手指必须离开滚筒20cm外，接料必须待料走出台面。

(3) 刨短料长度不得短于前后压滚距离，厚度小于1cm的木料，必须垫托板。

★23.操作圆盘锯应符合哪些安全要求？

答：(1) 圆盘锯操作前应进行检查，锯片不得有裂口，螺丝应上紧。

(2) 操作要戴防护眼镜，站在锯片一侧，禁止站在与锯片同一直线上，手臂不得跨越锯片。

(3) 短窄料应用推棍，接料使用刨钩；超过锯片半径的木料，禁止上锯。

(4) 进料必须紧贴靠山，不得用力过猛，遇硬节时要慢推，接料要待料出锯片1～5cm，不得用手硬拉。

★24.锯断木料走偏时，应采取哪些措施？

答：立即切断电源，停机调整正后再锯，不得猛力推进或拉出。

★25.更换刀片时，必须做到哪些安全规定？

答：换刀片前必须拉闸断电，并挂“有人操作，严禁合闸”的警示牌。

★26.机械运转过程中出现故障时应采取哪些措施？

答：必须立即停机、切断电源。

★27. 木料加工房应做好哪些工作?

答:注意防火安全,木料加工房内刨花、木屑和废料应及时清理。

★28. 木制品加工的管理工作操作要求有哪些?

答:(1) 木制品加工必须搭设封闭式工作棚,以便降低噪声及粉尘对环境的污染。在木工棚附近要设置相应的消防器材,防止火灾发生。

(2) 对于木材等原材料必须集中加工下料,合理使用,做到长料不短用,优材不劣用,使用的材料要按施工进度计划采购进货。

(3) 木材加工时,要有降尘措施,对操作时产生的锯末、刨花要及时清扫运到指定地点,保持工作面的清洁,减小火灾隐患。对可重复利用的木料经处理后分类码放,合理使用,节约资源。

(4) 加工好的成品、半成品,要及时入库妥善保管,有防雨防潮措施,防止材料变形,浪费资源,并建立领料手续,降低使用消耗,确保材料计划目标的实现。

★29. 在沟、槽、坑内作业必须注意哪些安全事项?

答:必须经常检查沟、槽、坑壁的稳定状况,上下沟、槽、坑必须走坡道或梯子。

★30. 木工作业场所必须做到哪"三清"?

答:自产自清、日产日清、活完场清。

水利工程施工人员安全教育培训标准化问答卷

（钢筋工部分）

★1.钢号愈大，含碳量也愈高，强度及硬度也愈高，但塑性、韧性、冷弯及焊接性能会怎样？

答：均降低。

★2.钢筋直径常用什么英文字母作为代表符号？

答：*d*。

★3.钢筋必须严格分类、分级和________。

答：分牌号堆放。

★4.堆放钢筋的场地要干燥，一般要用枕垫搁起，离地面高度为________以上。

答：20cm。

★5.预制构件吊环钢筋锚固长度，一般应埋入构件多长？

答：不小于30倍直径。

★6.制构件吊环可以采用HPB235和________级钢筋。

答：HRB335。

★7.钢筋冷拔的操作工序是：扎头—剥皮—通过润滑剂和________。

答：进入拔丝模。

★ 8.绑扎钢筋一般采用多大号的铁丝作为绑丝？

答：20～22号。

★9.绑扎双层钢筋时，应先绑扎哪一侧的钢筋？

答：立模板一侧的钢筋。

★ 10.用电设备要做到“四个一”，即一机一闸和______。

答：一漏一箱。

★ 11.荷载的分布情况可分为集中荷载、分布荷载和______。

答：线荷载等。

★ 12.钢筋混凝土中，钢筋主要在受拉区，混凝土主要在______区。

答：受压区工作。

★13.框架结构可分整体式、装配式和______式等。

答：装配整体式。

★ 14.焊接机械必须装有接地线，接地电阻不应大于几欧姆？

答：4Ω。

★ 15.切断机切钢筋时，钢筋较短时严禁用手扶，短于多少厘米时应使用钢管套夹具？

答：40cm。

★16.荷载按分布情况可分为哪两种荷载？

答：集中荷载和分布荷载。

★17.钢筋混凝土结构中，混凝土主要承受什么力？

答：压力。

★18.高层建筑中，风荷载属于重要还是次要荷载？

答：次要荷载。

★19.钢筋冷拉时，其钢筋设备是否允许超载？

答：不允许超载。

★20.使用型号为GW40弯曲机时，可弯曲钢筋的直径范围为多少毫米？

答：6～40mm。

★21.手摇板适于弯制直径在多少毫米以下的钢筋？

答：12mm。

★22.手压切断器可切断16mm以下的哪种钢筋？

答：HPB235。

★23.新进场的劳动者必须经过上岗前的哪“三级”安全教育？

答：公司教育、项目教育、班组教育。

★24.施工现场使用的手持照明灯（行灯）的电压应采用多少伏以下的安全电压？

答：36V。

★25.高处作业时，脚手板的宽度不得小于多少厘米？

答：20cm。

★26.HPB235级钢筋采用双面搭接电弧焊连接时，其搭接长度为钢筋直径的几倍？

答：4倍。

★27.张拉钢筋时，操作人员的正确位置应在张拉设备的什么位置？

答：两侧。

★28.高处作业人员如在上下同一垂直面上作业，下层人员必须戴什么？

答：安全帽。

★29.从事电、气焊作业的电、气焊工人，必须戴电、气焊手套、使用护目镜、防护面罩和穿什么防护用品？

答：绝缘鞋。

★30.脚手架上的钢筋应随使用随运送，码放钢筋时应注意什么？

答：不得集中码放。

★31.作业中出现危险征兆时，作业人员应该怎么办？

答：暂停作业，撤至安全区域并立即向上级报告。

★32.绑扎立柱和墙体钢筋时，为保证安全，不得站在什么位置？

答：不得站在钢筋骨架上。

★ 33．调直机安装必须平稳牢固，并且电机必须设什么可靠保护？

答：接零保护。

★ 34．为避免振动落入机体异物，机械上不准放哪些东西？

答：工具或物件。

★ 35．切断钢筋时，手与刀口的距离不得小于多少厘米？

答：15cm。

★ 36．机械运转中严禁用手直接清除刀口附近的断头和杂物，清理时必须________。

答：断电进行。

★ 37．发现机械运转异常、刀片歪斜等情况时，应如何做？

答：立即停机检修。

★ 38．钢筋冷拉作业时，冷拉钢筋机的配重框提起的高度应限制在离地面多少厘米？

答：30cm以内。

★ 39．弯曲机弯曲未经冷拉或优锈皮的钢筋时，必须戴什么防护用品？

答：护目镜和口罩。

★40. 生产班组在接受生产任务时必须遵循的主要事项有哪些？

答：必须接受安全技术交底及讲解，并掌握交底内容，凡没有进行交底和交底讲解的，有权拒绝接受任务，并提出意见。

★41. 对从事特种作业的人员的要求有哪些？

答：(1) 必须进行身体检查和定期体检。

(2) 没有妨碍本工种的疾病。

(3) 具有相适应的文化程度。

水利工程施工人员安全教育培训标准化问答卷

（混凝土工部分）

★1. 浇捣框架结构梁柱混凝土时，可站在模棉线或什么上操作？

答：支撑上。

★2. 插入式振捣器操作时，应做到什么？

答：快插慢拔。

★3. 运输混凝土小车通过上下沟槽时必须走什么地方？

答：便桥或马道。

★ 4.使用汽车、罐车运送混凝土时，道路应平整坚实，必须由什么人指挥？

答：专人指挥。

★ 5.混凝土浇水养护时应注意楼面的障碍物和孔洞，拉移浇水用的皮管时应怎样做，以防从孔洞内坠落？

答：不得倒退行走。

★ 6.袋装水泥存放时，应离地及墙距离是多少？

答：30cm以上。

★ 7.插入式振捣器不适用于什么部位和薄的肋形楼板、屋面板等构件？

答：断面大。

★ 8.灰浆搅拌机的安装应怎样？

答：平稳牢固。

★ 9.疏通混凝土输送泵管道时，应如何做？

答：疏散周围人员。

★ 10.开挖土方时，弃土应离槽边几米以上？

答：0.8m。

★ 11.悬挑构件的主筋布置在构件的哪个部位？

答：上部 。

★ 12.建筑工地一般采用多少伏电压作为安全电压？

答：36V。

★ 13.夜间施工用于照明用的行灯的电流电压应低于多少伏？

答：36V。

★ 14.几米以上的高空悬空作业，无安全设施的必须系好安全带，扣好保险钩？

答：2m。

★ 15.对于现浇混凝土结构跨度大于8m的梁；拆模时所需混凝土强度应达到设计强度多少？

答：100%。

★ 16.土方堆放离槽边1.5m以外，对方高度不易超过几米？

答：1.5m。

★ 17.基槽开挖完毕并清理完毕后，要进行验槽工作，目的是什么？

答：为防止基槽下有未发现的孔洞、基穴等。

★ 18.搅拌机停机前应倒入一适量的什么材料，利用搅拌机的旋转，将筒内清洗干净？

答：石子和清水。

★ 19.楼梯混凝土强度达到设计强度多少时，方可拆除梯脚板模板？

答：70%。

★20.梁是一种典型的什么构件？

答：受弯。

★21.混凝土振捣时，棒头伸入下层几厘米？

答：5～10cm。

★22.浇注墙板时，应按一定方向，分层顺序浇注，分层厚度以多少为宜？

答：40～50cm。

★23.钎探时，要用8～10磅锤，锤的自由落距为多少？

答：50～70cm。

★24.对于跨度大于8m的承重结构，模板的拆除混凝土强度要达到设计强度的多少？

答：100%。

★25.存放水泥时，垫板应平稳、牢固，高度不得超过几袋？

答：10袋。

★26.用塔吊运送混凝土时，吊斗必须焊有吊环，吊点不得少于几个？

答：4个。

★27.几级以上强风和大雨、大雾天气，应停止露天高处、起重吊装和打桩作业？

答：六级。

★28. 沟槽深度大于几米时，应设混凝土溜槽？

答：3m。

★29. 浇灌高度几米以上的壁、柱、梁、板混凝土应设操作平台，不得站在模板或支撑上操作？

答：2m。

★30. 使用手推车运送混凝土时，装运混凝土量应低于车厢多少？

答：5～10cm。

★31. 混凝土工见习期为几年？

答：一年。

★32. 混凝土振捣器使用前必须经什么人检验确认合格后方可使用？

答：电工。

★33. 混凝土振捣器使用前，操作者必须穿绝缘鞋（胶鞋），戴什么？

答：绝缘手套。

★34. 使用覆盖物养护混凝土时，预留孔洞必须按规定设牢固盖板或围栏，并设置什么？

答：安全标志。

★35. 使用电热法养护应设警示牌、围栏，无关人员不得进入哪里？

答：养护区域。

★36.浇水养护时，应将水管接头连接牢固，移动皮管应如何操作？

答：不得猛拽，不得倒行拉移胶管。

★37.覆盖物养护材料使用完毕后，应怎样做？

答：及时清理并存放到指定地点、码放整齐。

★38.蒸汽养护、操作和冬施测温人员，不得在混凝土养护坑（池）和哪个部位站立？

答：边沿站立。

★39.浇注混凝土作业时，模板仓内照明电压必须使用多少伏？

答：12V低压。

★40.向模内灌注混凝土时，作业人员应协调配合，灌注人应听从什么人指挥？

答：振捣人员。

★41.浇注高度几米以上的壁、柱、梁混凝土应搭设什么？

答：2m操作平台。

★42.浇注作业必须设专人指挥并怎样做？

答：分工明确。

★43.使用混凝土泵运输送混凝土时，应由几名以上人员牵引布料杆？

答：2名。

★ 44.用塔吊运送混凝土时，使用专用吊斗时吊环应怎样？

答：固定可靠。

★ 45.向搅拌机内倒水泥时，脚不得蹬在哪里？

答：料斗上。

★ 46.在沟槽、基坑中浇注混凝土前应检查什么部位，确认安全后方可作业？

答：槽帮。

★ 47.浇注混凝土作业人员可以直接在钢筋上踩踏、行走吗？

答：不可以。

★ 48.垂直运输混凝土时必须明确什么信号？

答：联系信号。

★ 49.吊笼运输混凝土时，严禁将什么部位伸向吊笼的运行区域？

答：头或手。

水利工程施工人员安全教育培训标准化问答卷

（砌筑工部分）

★ 1.水利工程施工工人必须做到哪些基本规定？

答：熟知本工种的安全操作规程和施工现场的安全生产制度，不违章作业，对违章作业的指令有权拒绝，并有责任制止他人违章作业。

★2.作业人员进入现场应遵守哪些安全纪律？

答：服从领导和安全检查人员的指挥，工作思想集中，坚守作业岗位，未经许可，不得从事非本工种作业，严禁酒后作业。

★3.砌筑作业前应做好哪些安全检查？

答：必须检查工具、设备、现场环境等，确认安全后方可作业。要认真查看在施工洞口、临边安全防护和脚手架护身栏、挡脚板、立网是否齐全、牢固；脚手板是否按要求间距放正、绑牢，有无探头板和空隙。

★4.在深度超过1.5m的沟槽基础内作业时应注意哪些安全事项？

答：必须检查槽帮有无裂缝，确定无危险后方可作业。距槽边1m内不得堆放沙子、砌体等材料。

★5.砌筑高度超过1.2m的墙体时应采取哪些安全措施？

答：应搭设脚手架作业；高度超过4m时，采用内脚手架必须支搭安全网，用外脚手架应设防护栏杆和挡脚板方可砌筑，高处作业无防护时必须系好安全带。

★6.砌筑作业脚手架上堆料、站人有何规定？

答：脚手架上堆料量（均布荷载不得超过200kg/m²，集中荷载不超过150kg/m²），码砖高度不得超过3皮侧砖。同一块脚手板上不得超过2人，严禁用不稳固的工具或物体在架子上垫高操作。

★7.砌筑作业面下方和斩砖有何规定？

答：砌筑作业面下方不得有人，交叉作业必须设置可靠、安全的防护隔离层，在架子上斩砖必须面向里，把砖头斩在架子上。挂线的坠物必须牢固。

★8.砌筑作业运料有何安全要求？

答：采用垂直运输，严禁超载；采用砖笼往楼板上放砖时，要均匀分布；砖笼严禁直接吊放在脚手架上。吊砂浆的料斗不能装得过满，应低于料斗上沿10cm。人工用手推车运砖，两车前后距离平地上不得小于2m，坡道上不得小于10m。装砖时应先取高处，后取低处，分层按顺序拿取。

★9.砌筑作业应注意哪些安全事项？

答：砌筑用高凳上铺脚手板，宽度不得少于两块脚手板（50cm），间距不得大于2m，移动高凳时上面不能站人，作业人员不得超过2人。高度超过2m时，由架子工搭设脚手架，严禁脚手架搭在门窗、暖气片等非承重的物器上。严禁踩在外脚手架的防护栏杆和阳台板上进行操作。

★10.向基坑内运送材料、砂浆时应遵守哪些安全规定？

答：严禁向下猛倒和抛掷物料、工具。

★11.上下深基坑时应遵守哪些安全规定？

答：砌筑2m以上深基础时，应设有爬梯和坡道，不得攀跳槽、沟、坑上下。

★12.砌筑用脚手架应注意哪些安全事项?

答：脚手架未经交接验收不得使用，验收后不得随意拆改和移动，如作业要求必须拆改和移动时，须经工程技术人员同意，采取加固措施后方可拆除和移动。脚手架严禁搭探头板。

★13.在地坑、地沟砌筑时应注意哪些安全问题?

答：严防塌方并注意地下管线、电缆；不准徒手移动上墙的料石，以免压破或擦伤手指。

★14.用锤打砖、石时应注意哪些安全事项?

答：先检查铁锤有无破裂，锤柄是否牢固，打锤要按照石纹走向落锤，锤口要平，落锤要准，同时要看清附近情况有无危险，然后落锤，以免伤人。

★15.砌筑作业面垫高有何规定?

答：不准用不稳固的工具或物体在脚手板面垫高操作，更不准在未经过加固的情况下，在一层脚手架上再叠加一层，脚手板不允许有空头现象。

★16.砌筑交叉作业时应采取哪些安全措施?

答：砌筑作业面下方不得有人，如在同一垂直作业面上下交叉作业时，必须设置安全隔离层。

★17.墙顶处作业有哪些安全要求?

答：不得站在墙顶上行走和做挂线、刮缝及清扫墙面或检查大角垂直度等工作。

★18.砌筑作业高度不够时应注意哪些安全事项？

答：不准勉强在超过胸部以上的墙体上进行砌筑，以免将墙体碰撞倒塌或上料时失手掉下造成安全事故。

★19.悬空作业应采取哪些安全措施？

答：悬空作业处应有牢固的立足处，并必须视具体情况，配置防护网、栏杆或其他安全设施。

★20.砌筑作业垂直运输有何安全规定？

答：用于垂直运输的吊笼、滑车、绳索、刹车等，必须满足负荷要求，牢固无损，吊运时不得超载，并须经常检查，发现问题及时修理。

★21.用起重机吊运材料应注意哪些安全事项？

答：用起重机吊砖要用砖笼，当采用砖笼往楼板上放砖时，要均匀分布，并预先在楼板底下加设支柱或横木承载。砖笼严禁直接吊放在脚手架上，吊砂浆的料斗不能装得过满，装料量应低于料斗上沿100mm。吊件回转范围内不得有人停留，吊物在脚手架上方下落时，作业人员应躲开。

★22.砌块吊运时应注意哪些安全事项？

答：砌块在装笼前，应先检查砌块是否平稳，如有歪斜不齐时，应撬正；砌块在起吊过程中，如发现有部分破裂、而有脱落危险的砌块，严禁继续起吊。

★23.人工垂直运料、装砖应遵守哪些安全要求？

答：人工垂直向上或往下（深坑）传递砖块，架子上站人板的宽度应不小于60cm；运输中通过沟槽时应走便桥，便桥宽度不得小于1.5m；装砖时要先取高处后取低处，防止砖垛倒塌伤人。

★24.坡屋面挂瓦作业应采取哪些安全措施？

答：在屋面坡度大于25°时，挂瓦必须使用移动板梯，板梯必须有牢固挂钩，檐口应搭设防护栏杆，并挂密目安全网。

★25.墙体砌筑作业暂停后应注意做好哪些工作？

答：作业面暂停作业时，要对刚砌好的砌体采取防雨措施，以防雨水冲走砂浆，致使墙体倒塌。

★26.冬季施工作业面必须做好哪些工作？

答：冬季施工遇有霜、雪时，必须在脚手架上、沟槽内等作业环境内的霜、雪清除后方可作业。

★27.大风、大雨、冰冻等异常气候后砌体应注意哪些问题？

答：应检查砌体是否有垂直度的变化，是否产生了裂缝，是否有不均匀下沉现象等。

★28.砌筑作业后作业环境应如何处理？

答：碎料、落地灰、杂物、工具集中下运，做到日产日清、自产自清、活完料净场地清。

★29.作业中出现危险征兆时，应如何应对？

答：作业人员应暂停作业，撤至安全区域，并立即向上级报告。未经施工技术管理人员批准，严禁恢复作业，紧急处理时，必须在施工技术管理人员指挥下进行作业。

★30.作业中发生事故应如何抢救?

答：必须及时抢救受伤人员，迅速报告上级，保护事故现场，并采取措施控制事故。如抢救工作可能造成事故扩大或人员伤害时，必须在施工技术管理人员的指导下进行抢救。

水利工程施工人员安全教育培训标准化问答卷

（管道工部分）

★1.直径多少米以下的管可采用溜绳法下管?

答：0.5m以下。

★2.多少米至多少米直径的管可采用压绳法下管?

答：0.6～0.9m。

★3.下多少米以上的管应设马道?

答：0.9m以上。

★4.下管坡道的坡度不宜大于多大的比例?

答：不宜大于1∶1。

★5.用三脚架下管时应注意什么?

答：搭设牢固平台，上设防护栏，人员不得站在管上和管下作业。

★6.稳定后的管子必须怎样处理？

答：必须将管子挡掩牢固。

★7.稳管时两侧人员不能通视时，应怎样做？

答：设专人高处指挥。

★8.怎样进行“四合一”稳管？

答：相互配合，协调一致。严禁将手指放在连接缝之间，连接端严禁用手抬管。

★9.胶圈接口作业应遵守哪些规定？

答：作业前检查倒链、钢丝绳、索具等，确认安全，接口时手应离开管口位置。

★10.管道勾头作业应注意哪些安全事项？

答：(1) 必须进行安全技术交底。

(2) 保证通风及井口防护。

(3) 专人指挥，分工明确。

(4) 如遇异常情况，停止作业，撤离现场，报告上级。

★11.常用的水泥管按成型工艺分为哪三种？

答：挤压管、悬辊管、离心管。

★12.管道施工用的照明电压应用多少伏的电压？

答：36V。

★13.封堵管道的方法有几种？

答：管塞封堵、砖砌封堵。

★14.雨水管道和雨污水合流管道均可不作闭水检验是否正确？

答：不正确。

★15.进入废的管道内进行作业前应做哪些准备工作？

答：(1) 打开相邻井盖通风。

(2) 必要时加设排风措施。

(3) 做有毒有害气体检测。

(4) 有保证人员在遇到异常情况时能及时撤出的绳、带等。

★16.人工推管时，管的前方是否允许站人？

答：不允许。

★17.管道吹洗时排出口应设专人监护对吗？

答：对。

★18.往沟槽内运管时应注意什么？

答：(1) 上下配合一致，管的下方不得站人。

(2) 不得往沟内抛管件。

★19.安装立管时应注意什么？

答：(1) 开启预留洞口向总包单位提出申请。

(2) 办理洞口使用交接手续，方可拆除防护设施。

(3) 作业下班时将洞口防护恢复牢固。

★20.在吊顶棚安管应注意什么？

答：(1) 龙骨上铺设脚手板。

(2) 脚手板应固定。

(3) 不得在龙骨和顶板上行走。

★21. 装运管子时重点注意什么？

答：(1) 绳子必须系牢固。

(2) 挡掩稳固。

(3) 卸管前确认无滚坍后方可松绳。

★22. 沟槽边堆放管子有什么要求？

答：(1) 管子不能平行于沟槽。

(2) 管近端距沟槽边的距离不小于2m。

(3) 管子码放高度不超过2m。

(4) 场地坚实平整，堆管打掩牢固。

★23. 人工推运混凝土管有什么安全要求？

答：(1) 道路平整坚实。

(2) 推行速度不得超过人的行走速度。

(3) 上边应有专人备、移掩木。

(4) 下边应用大绳控制速度。

(5) 平道两管前后保持5m以上距离，上下坡不得前后同时推运。

(6) 任何情况下人员不得站在管子行进的前方。

★24. 多大直径的管子不宜人工推运？

答：0.6m以上。

★25.用起重机下管、稳定有何规定？

答：(1) 严禁在高压线下方作业，在高压线一侧时要保证足够的安全距离。

(2) 起重机及支腿必须在坚实平整的地方。

(3) 有信号工指挥，在起重机回转半径内严禁站人。

(4) 管子就位，将掩木打牢固方可摘钩。

水利工程施工人员安全教育培训标准化问答卷

（架子工部分）

★1.说出三种不适合作为架子工的病症。

答：高血压、心脏病、癫痫病、晕高或视力不够等。

★2.哪些天气应停止脚手架搭、拆作业？

答：六级（含六级）以上强风、高温、大雨、大雪、大雾等恶劣天气。

★3.外径不同的脚手架钢管是否可以混用？

答：不可以。

★4.如何正确系挂安全带？

答：高挂低用。

★5.外径48mm的钢管脚手架，其钢管厚度不应小于几毫米？

答：3mm。

★6.脚手架基础垫板的长度应不少于几跨？

答：2跨。

★7.脚手架基础垫板的厚度应不小于几厘米？

答：5cm。

★8.脚手架扫地杆距地面的距离不得大于多少厘米？

答：20cm。

★9.脚手架扣件螺栓拧紧力矩应在多少牛·米之间？

答：应在40N·m与65N·m之间。

★10.脚手架搭设时对接扣件开口应朝什么方向？

答：立杆朝内，横杆朝上。

★11.脚手架各杆件端头伸出扣件盖板边缘的长度不应小于多少毫米？

答：100mm。

★12.脚手架脚手板下不得少于几根小横杆？

答：3根。

★13.脚手架各拉结点间垂直距离不应大于几米？

答：4m。

★14.脚手架各拉结点间水平距离不应大于几米？

答：6m。

★ 15.高度超过多少米的脚手架不得使用柔性材料进行拉结？

答：20m。

★ 16.砌筑脚手架均布荷载每平方米不得超过多少牛顿？

答：2700N。相当于270kg。

★ 17.高度超过多少米的脚手架必须采取卸荷措施？

答：20m。

★ 18.钢管脚手架外排立杆顶端应超过平屋顶的女儿墙顶几米？

答：1m。

★ 19.高度为30m的钢管脚手架，其立杆垂直度的容许偏差应在多少厘米内？

答：按1/200计算，应在15cm内。

★ 20.附着式升降脚手架在升、降作业时，其相邻提升点间的高差不得大于多少毫米？

答：30mm。

★ 21.附着式升降脚手架在升、降作业过程中有异常情况出现时，什么人可立即发出停止指令？

答：任何人。

★ 22.附着式升降脚手架的升、降指令应由谁下达？

答：升、降指令只能由总指挥一人下达。

★23.说出几种错误的作为脚手板使用的材料。

答：钢模板、竹模板、木方等。

★24.说出几种违章现象。

答：现场不戴安全帽、不系安全帽带、现场吸烟、高处作业不挂安全带、不穿防滑鞋、高处向下清扫垃圾或渣土、高处向下抛物料、进出外用电梯不关好防护门、无证操作等。

水利工程施工人员安全教育培训标准化问答卷

（起重工、信号工部分）

★1.信号工要持证上岗吗？

答：要。

★2.吊物上可以站人吗？

答：不能。

★3.塔吊在几级风以上不可以作业？

答：六级。

★4.指挥吊车用哪几种工具？

答：口哨、旗语、对讲机。

★5.吊索具由谁负责检查？

答：信号工。

★6.信号工可以帮忙挂钩吗？

答：不可以。

★7.只喝了一瓶啤酒可以指挥吊车吗？

答：不可以。

★8.吊运大模板时可以用小钩挂住大模板吗？

答：不可以，应用卡环。

★9.信号工和挂钩工一起作业时由谁发号施令？

答：信号工。

★10.在大钩上焊一个挂钩可以吗？

答：不行，大钩上禁止施焊。

★11.大钩上有一个很小的裂纹，还可以使用吗？

答：不可以。

★12.卡环出现裂纹，补焊后还可以使用吗？

答：不可以。

★13.吊具包括什么？

答：吊钩、吊索及附件、平衡梁。

★14.吊钩应有防脱钩的什么装置？

答：保险装置。

★15.信号工属于哪一类特种作业？

答：起重类。

★16.卡环能够侧向受力吗？

答：不能，卡环严禁侧向受力。

★17.信号工必须持证上岗吗？

答：是。

★18.吊钩危险断面磨损程度达到尺寸的10%时，要报废吗？

答：要。

★19.起吊物可以从人的头顶上越过吗？

答：不可以。

★20.挂钩工必须服从信号工的指挥吗？

答：是。

★21.除指挥及挂钩人员外，其他人也可以进入吊装作业区吗？

答：不可以。

★22.零散碎料如果没有容器装载，只要绑扎好就可以吊运吗？

答：不可以。

★23.在吊运易损、易滑、易倒物品时，禁止用机械抽绳对吗？

答：对。

★ 24. 如果挂钩工配备人数不够，信号指挥工可以帮助挂钩吗？

答：不可以。

★ 25. 在起重吊装中，钢丝绳捆绑点的选择主要依据是构件的重心吗？

答：是。

★ 26. 在吊装过程中，任何人不得在吊物下停留和在吊物下行走？

答：对。

★ 27. 信号工必须监督、纠正挂钩工的安全操作？

答：对。

★ 28. 塔式起重机顶升时可以回转臂杆吗？

答：不可以。

★ 29. 塔式起重机驾驶员对任何人发出的危险信号均应听从对吗？

答：对。

★ 30. 在高处拆卸、修理或检查起重机时要佩戴安全带吗？

答：对。

★ 31. 吊钩处于工作位置最低点时，钢丝绳在卷筒上的缠绕，除固定绳尾圈数外，不得少于几圈？

答：3圈。

★ 32.塔式起重机工作完毕后，应将空钩停放在什么位置？

答：近吊钩高度限位。

★ 33.吊运重物时，吊物下降到几米时，应及时发出慢就位信号？

答：1m。

★ 34.吊装使用卡环时，应使环底和轴销受力对吗？

答：对。

★ 35.吊物水平移动，必须高于所跨越的障碍物至少几米时，方可发出转臂信号？

答：1m。

★ 36.在吊运易损、易滚、易倒物品时，可以使用机械抽绳吗？

答：不可以，禁止使用。

★ 37.起重吊装中，钢丝绳捆绑点的选择主要依据设备的什么？

答：设备的重心。

★ 38.吊运大模板，风力达到五级时，还可以继续进行作业吗？

答：不可以。

★39.起重作业中可以同时使用钢丝绳和链条等不同的索具吗？

答：不可以混用。

★40.夜间进行吊装作业时，必须要有足够的照明吗？

答：是。

★41.钢丝绳报废的标准是什么？

答：(1) 在一个节距内的断丝数量超过总丝数的10%。

(2) 出现拧扭死结、死弯、压扁、股松明显、波浪形、钢丝外飞、绳芯挤出以及断股等现象。

(3) 钢丝绳直径减少7%~10%。

(4) 钢丝绳表面钢丝磨损或腐蚀程度，达表面钢丝绳直径40%以上，或钢丝绳被腐蚀后，表面麻痕清晰可见，整根钢丝绳明显变硬。

★42.起重机械“十不吊”的内容是什么？

答：(1) 信号指挥不明不准吊。

(2) 斜牵斜挂不准吊。

(3) 吊物重量不明或超负荷不准吊。

(4) 散物捆扎不牢或物料装放过满不准吊。

(5) 吊物上有人不准吊。

(6) 埋在地下物不准吊。

(7) 安全装置失灵或带病不准吊。

(8) 现场光线阴暗看不清吊物起落点不准吊。

(9) 棱刃物与钢丝绳直接接触无保护措施不准吊。

(10) 六级以上强风不准吊。

水利工程施工人员安全教育培训标准化问答卷

（电气焊部分）

★1.电焊完成作业后，离开现场前应做哪些工作？

答：拉闸断电，将地线和把线分开，确定焊渣火星已熄灭后，方可离开现场。

★2.电焊时是否可以借用金属物替代地线？

答：严禁借用金属管道、金属脚手架、轨道、结构钢筋等金属物搭接代替地线使用。

★3.装卸乙炔气瓶或石油气瓶的注意事项有哪些？

答：应轻拿轻放，不得抛、碰、滑、滚等剧烈震动。

★4.乙炔瓶表面温度不得超过多少度？瓶阀冬季解冻加温时，应使用多少度以下的温水？

答：不得超过40℃，瓶阀解冻应使用40℃以下的温水。

★5.氧气瓶与电焊在同一工地使用时应注意什么？

答：瓶底应垫绝缘物，防止瓶体带电。

★6.室外使用的电焊机应设哪些防护？

答：应设防水、防潮、防晒的机棚，并备有消防用品。

★7.电焊钳过热后可以浸在水中冷却后使用吗？为什么？

答：不可以，必须采用自然冷却或强通风冷却，不得浸在水中冷却，因为液体会破坏焊把的绝缘强度。

★8.焊机一次测的电源线长度最大不超过多少米？

答：5m。

★9.焊机二次测把线及地线长度最大不超过多少米？

答：30m。

★10.焊机把线电缆应采用什么电缆？

答：专用橡套多股细铜线。

★11.交流电焊机空载电压不得超过多少伏？

答：不得超过80V。

★12.氧气瓶与乙炔瓶的距离不得小于多少米？

答：不得小于5m。

★13.进行二氧化碳气体保护焊时，作业前二氧化碳气体需预热多少分钟？开气时，操作人员需站在瓶嘴的侧面。二氧化碳瓶应放在阴凉处，不得靠近热源，最高温度不得超过多少度？

答：需预热15min，最高温度不得超过30℃。

★ 14. 为防止电焊弧光伤害眼睛，应采取的防护方式有哪些？

答：应采取滤光镜或焊接面罩防护等。

★ 15. 冬期气焊作业时，如减压阀软管和流量计冻结，应采用什么办法解冻？

答：热水、蒸气、暖气解冻，严禁使用明火烘烤。

★ 16. 在未采取特殊的安全措施并未经严格检查批准的情况下，严禁在什么上焊接作业？

答：严禁在装有易燃物的容器、装有易爆物的容器、受力物体上焊接作业。

★ 17. 氧气瓶及其瓶阀、接头、软管不能与什么物品相接触？

答：油脂、润滑脂。

★ 18. 金属焊接作业人员应具备什么条件可以上岗操作？

答：必须经过专业安全技术培训，考核合格，取得特种作业操作证，方可上岗。

★ 19. 电焊工操作时应佩戴什么防护用品？

答：(1) 头鼻或手持面罩。

(2) 防护服。

(3) 耐火的防护手套。

(4) 披肩、斗篷的套袖。

(5) 耐火的防护服。

(6) 其他防护服和呼吸保护设备。

★20.在什么天气条件下不能露天焊接？

答：雨、雪、风力六级以上（含六级）天气不得露天作业。雨、雪后应清除积水、积雪后方可作业。

★21.焊工操作时遇到什么情况必须切断电源？

答：(1) 更换焊件，需要改接二次四路时。

(2) 转移工作地点，搬动焊机时。

(3) 焊积发生故障需要进行检修时。

(4) 更换保险装置时。

(5) 工作完毕或临时离开操作现场时。

★22.焊工高处作业必须遵守什么规定？

答：(1) 必须使用符合标准的安全带，并系在可靠的构件上。

(2) 必须在作业点正下方5m外设置护栏，并设人监护，必须清除作业点下方区域易燃、易爆物品，并设置接头盘。

(3) 必须穿戴好个人防护用品，焊接电缆应绑紧在固定处，严禁绕在身上或搭在肩、背上作业。

(4) 焊工必须站在稳固的操作台上作业，焊机必须放置平稳、牢固，设有良好的接地保护装置。

★23.气焊作业时应注意的主要安全事项是什么？

答：(1) 高空作业时，氧气瓶、乙炔瓶、液化气瓶不得放在作业区域正下方，应与作业点正下方保持10m以上的距离。

(2) 必须清除作业区域下方的易燃物。

(3) 不能将橡胶软管搭在背上操作。

(4) 作业后卸下减压阀，拧上气瓶安全帽，将软管盘起捆好，挂在室内干燥处，检查作业场地，确认无着火危险后方可离开。

(5) 冬天露天作业时，如减压阀软管和流量计冻结，应使用热水（热水袋），蒸气或暖气设备化冻，严禁用火烘烤等。

★24.运输和存放氧气瓶应注意的主要安全事项是什么？

答：(1) 氧气瓶与其他易燃气瓶、油脂和易燃易爆物品应分别存放。

(2) 存储高压氧气瓶时应旋紧瓶帽，放置整齐，留有通道，加以固定。

(3) 氧气瓶库房应与高温、明火地方保持10m以上的距离。

(4) 氧气瓶在运输时应立放，并加以固定，其高度不得超过车厢槽帮。

(5) 严禁用自行车、叉车或起重设备调运高压钢瓶。

(6) 氧气瓶应设防震圈和安全帽，搬运和使用时严禁撞击。

(7) 氧气瓶阀不得粘有油脂、灰土，不得用带油脂的工具，手套或工具服接触氧气瓶阀。

(8) 氧气瓶不得在强烈日光下曝晒，夏天露天作业时，应搭设防晒罩、棚。

(9) 氧气瓶与焊炬、割炬、炉子和其他明火的距离应不小于10m，与乙炔瓶的距离不得小于5m。

★25.运输存储乙炔瓶应注意的主要安全事项是什么？

答：(1) 现场乙炔瓶储存量不得超过5瓶，5瓶以上时应放在储存间。储存间与明火的距离不得小于15m，并应通风良好，设有降温设施、消防设施和通道，避免阳光直射。

(2) 存储乙炔瓶时，乙炔瓶应直立，并必须采取防止倾斜的措施，严禁与氧气瓶及其他易燃、易爆物品同间存放。

(3) 储存间必须设专人管理，应在醒目的地方设安全标志。

(4) 应使用专用小车运送乙炔瓶，装卸乙炔瓶的动作应轻，不得抛、滑、滚、撞。严禁剧烈震动和撞击。

(5) 汽车运输乙炔瓶应妥善固定。

(6) 乙炔瓶在使用时必须直立放置。

(7) 乙炔瓶与热源的距离不得小于10m，乙炔瓶表面不得超过40℃等。

★26.使用减压器应注意的主要安全事项是什么？

答：(1) 不同气体的减压器严禁混用。

(2) 减压器出口接头与胶管应扎紧。

(3) 减压器冻结时，应采用热水或蒸气加热解冻，严禁用火烤。

(4) 安装减压器前，应略开氧气阀门，吹除污染。

(5) 安装减压器前应进行检查，减压器不得粘有油脂。

(6) 打开氧气阀时，必须慢慢开启，不得用力过猛。

(7) 减压器发生自流现象或漏气时，必须迅速关闭氧气瓶阀门，卸水减压器进行修理等。

★27.使用焊炬和割炬应注意的主要安全事项是什么？

答：(1) 使用焊炬和割炬前，必须检查射吸情况，射吸不正常时，必须修理，正常后方可使用。

(2) 割炬点火前，应检查连接处和气阀的严密性，连接处和气阀不得漏气；焊嘴、割嘴不得漏气、堵塞。使用过程中，发现焊炬、割炬气体通路和气阀有漏气现象，应立即停止作业，修好后再使用。

(3) 严禁在氧气阀门和乙炔阀门同时开启时用手或其他物体堵住焊嘴或割嘴。

(4) 焊嘴或割嘴不得过分受热，温度过高时应放入水中冷却。

(5) 焊炬、割炬的气体通路结构不得粘有油脂。

水利工程施工人员安全教育培训标准化问答卷

（临电工部分）

★1.施工现场临时架空线路是否可以采用裸体导线架设？采用绝缘导线是否可以架设在树木、脚手架上？

答：必须采用绝缘导线和专用电杆架设，严禁在树木和脚手架上架设。

★2.开关箱是配电系统的末级箱，开关箱与所控制的固定式用电设备水平距离应为多少米？

答：应不超过3m，以便操作开关箱的电器时，监护设备启动和停止情况，当用电设备发生故障需要紧急断电时，可以及时切断电源。

★3.动力电路中大于5.5kW的用电设备，应采用什么开关？为什么？

答：应采用自动开关。因为动力电路属感性电路，在大电流启动时，容易产生弧光短路，给人身和设备造成伤害，而自动电路一般都具备无弧装置。

★4.在建筑施工现场，在建工程或脚手架的外侧端头至架空线路边，边线的最小水平安全距离为多少？

答：如下表：

外电线路电压（kV）	1～3	1～10	35～110
最小安全距离（m）	4	6	8

★5.电工作业时，个人应穿戴哪些劳保服装？

答：穿绝缘鞋，戴绝缘手套。操作高压时应穿绝缘靴等。

★6.施工现场的电气设备的设置、安装、防护、使用、维修必须符合《施工现场临时用电安全技术规范》（JGJ46–2005）的要求，本规范自什么时间实施？

答：2005年7月1日实施。

★ 7.施工照明灯具露天安装时，应采用什么灯具？距离地面不得低于多少米？

答：应采用防水式灯具，距离地面高度不得低于3m。

★ 8.室内照明灯具距离地面不得低于多少米？每路照明支线上灯具和插座数不宜超过多少个？额定电流不得大于多少安培？

答：室内照明灯具使用220V电压时；高度不低于2.5m，灯具和插座数量不宜超过25个；每个支路额定电流不得大于15A。

★ 9.变、配电室应配备哪些安全用具？

答：绝缘棒、绝缘毡、绝缘靴、绝缘手套等安全用具，还应备有消防器材、急救箱、事故照明式手电筒等。

★ 10.外电架空线路需搭设防护架时，其高度应高于架空线路多少米？

答：应高于架空线路1.5m。

★ 11.埋地电缆引出地面时，其保护套管应怎样设置？

答：从2m高度至地下0.2m处，必须加设电缆防护套管。

★ 12.开关箱与用电设备之间，可实行“一闸多机”和一台漏电保护器同时保护两台以上设备的做法吗？

答：每台用电设备必须有各自专用的开关箱，严禁用同一个开关箱控制2台及2台以上的用电设备（含插座），即一机、一箱、一闸、一漏。

★13.临电规范规定配电箱开关箱设隔离开关，为什么？

答：规范规定选用的隔离开关的断开点必须为可视型，给工作人员有可以看得见的、在空气中有一定间隔的断开点，以确保检修人员的安全。

★14.特别潮湿的场所，导电良好的地面、锅炉或金属容器内的安全电压应为多少伏？

答：应不大于12V。

★15.进入开关箱的电缆线可以用插销连接吗？

答：根据JGJ46—2005.8.2.15条规定，开关箱的电源进线端严禁采用插头和插座做活动连接。

★16.变配电室要求做到的五防是什么？

答：防火、防水、防漏、防雪、防小动物。

★17.电杆挡距应不大于多少米？架空线路最大值垂直与地面距离不小于多少米？在运输干道上不小于多少米？

答：电杆挡距应不大于35m；距离地面的垂直高度不小于4m；运输干道上不小于6m。

★18.临时用电施工组织设计的编制、审核、审批程序有哪些？

答：临时用电施工组织设计应由电气技术人员编制，技术负责人审核，经主管部门审批后方可实施，临时用电工程图纸必须单独绘制，并作为临时用电施工的依据。

★19.凡临电使用超过多少个月以上（含）的，应按正式

线路架设？

答：凡超过6个月以上（含）的临电设施应按正式线路架设。

★20.在线路的末级（开关箱）应选择多少毫安的漏电保护器，才能自动切断电源，以避免伤及人身和烧毁设备？

答：高灵敏度：漏电动作电流在30mA以下。

快速型：漏电动作时间小于0.1s。

★21.施工现场用电设备在多少台或多少kW以上？应编制临时用电施工组织设计，以指导临时用电工程施工，保障用电设备的安全性与可靠性？

答：5台及5台以上或设备总容量在50kW及50kW以上应编制施工组织设计。

★22.电箱的安装应满足哪些环境条件？

答：(1) 干燥、通风良好、常温、便于操作和维修的场所。

(2) 无烟气、蒸气、液体等有害介质的场所。

(3) 不容易受到撞击、无强烈振动、热源烘考等场所。

(4) 电箱周围应有足够2人同时工作的空间和通道，不能在电箱周围堆放杂物和有积水等妨碍操作的场所。

★23.操作夯土机必须满足哪些要求？

答：(1) 必须设置防侧型漏电保护器，其额定动作电流不应大于15mA、动作时间应小于0.1s。

(2) 负荷线应采用耐气候型橡胶护套铜芯软电缆。

(3) 操作人员必须按规定穿戴绝缘用品，应有专人调整电缆，其长度不得大于50m，严禁电缆绑绕、扭结和被打夯机跨越。

(4) 夯土机械扶手必须采取绝缘措施。

(5) 机座必须两点接地。

★24.什么是重复接地？

答：将保护零线（PE线）上一处或多处与大地进行再一次的接地连接，重复接地的电阻值总箱处不大于4Ω，总箱以下各处不大于10Ω。

★25.什么是保护接地？

答：将电气设备不带电的金属外壳与接地装置（接地极）之间做可靠的电气连接。

★26.如何正确使用和区分导线的颜色？

答：为了正确区分导线中相线、相序、零线、保护零线防止发生误操作，国际规定了不同导线使用不同的安全色。相线分为黄、绿、红三色，相序为从左至右：A相为黄色，B相为绿色，C相为红色。工作线为黑色或白色，保护零线为绿黄双色，并规定，在任何情况下不准使用双色线作负荷线。

★27.装配保险丝应注意什么？

答：(1) 更换保险丝时，必须切断电源。

(2) 保险的容量与所保护的线路或设备的容量匹配，禁止将保险丝合股使用。

(3)严禁用其他的金属丝（如电线）替代保险丝。

★28.漏电保护器的主要作用是什么?

答：当用电设备或线路发生漏电故障，并达到限定值时，能够自动切断电源，避免伤及人身和烧毁设备。

★29.施工现场临时用电安全技术档案主要应包括哪些内容?

答：(1) 临时用电施工组织设计的全部资料和修改组织设计的变更资料。

(2) 技术交底资料。

(3) 临电工程的检查验收资料。

(4) 电气设备的试、检验和调试记录。

(5) 接地电阻、绝缘电阻的测定记录。

(6) 定期的检（复）查记录。

(7) 电工维修工作记录等。

★30.你作为一名安全检查人员，到工地进行电气设施安全检查时，主要应检查哪些内容?

答：(1) 检查电气施工方案是否经过审批，是否符合国家规范要求，临电系统是否按方案施工。

(2) 施工现场是否执行“三相五线”制。

(3) 是否执行了三级配电逐级保护，固定设备是否实行“一机一箱、一闸一漏”制。

(4) 检查电箱内各种电器是否完整，接路是否正确，标志是否清晰。

(5) 线路是否按规定敷设，有否破损现象。

(6) 漏电保护器是否灵敏、可靠。

(7) 接地系统和机座接地是否符合规范要求等。